新世纪应用型高等教育软件专业系列规划教材

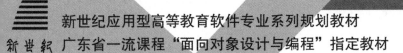

广东省一流课程"面向对象设计与编程"指定教材

Java核心编程技术
实验指导教程

Java Core Programming Technology
Experimental Tutorial

（第四版）

主　编　张　屹　蔡木生

副主编　吴向荣　谭翔纬　蒋慧勇

　　　　潘正军　邹立杰　林若钦

 大连理工大学出版社

图书在版编目(CIP)数据

Java 核心编程技术实验指导教程 / 张屹，蔡木生主编. -- 4 版. -- 大连：大连理工大学出版社，2022.11
新世纪应用型高等教育软件专业系列规划教材
ISBN 978-7-5685-3856-5

Ⅰ. ①J… Ⅱ. ①张… ②蔡… Ⅲ. ①JAVA 语言－程序设计－高等学校－教材 Ⅳ. ①TP312

中国版本图书馆 CIP 数据核字(2022)第 122231 号

Java 核心编程技术实验指导教程
Java HEXIN BIANCHENG JISHU SHIYAN ZHIDAO JIAOCHENG

大连理工大学出版社出版
地址：大连市软件园路 80 号　邮政编码：116023
发行：0411-84708842　邮购：0411-84708943　传真：0411-84701466
E-mail：dutp@dutp.cn　URL：https://www.dutp.cn
大连永盛印业有限公司印刷　　大连理工大学出版社发行

幅面尺寸：185mm×260mm　　印张：13　　字数：299 千字
2010 年 10 月第 1 版　　　　　2022 年 11 月第 4 版
2022 年 11 月第 1 次印刷

责任编辑：孙兴乐　　　　　　　　　　责任校对：王晓彤
　　　　　封面设计：对岸书影

ISBN 978-7-5685-3856-5　　　　　定　价：36.80 元

《Java 核心编程技术实验指导教程》(第四版)是新世纪应用型高等教育软件专业系列规划教材之一。

本教材是与《Java 核心编程技术》(第四版)配套的实验指导教程,共有 14 个实验,分别对应主教材各章内容。每个实验包含实验目的、相关知识点、实验内容与步骤、实验总结四部分内容。其中,"实验目的"说明了实验的主要内容和要求,通常有掌握、熟悉、了解等不同层次的要求;"相关知识点"列举了与实验相关的主要知识点,这是实验的基础和灵魂;"实验内容与步骤"给出了实验的具体内容和操作步骤,题型有程序填空、分析、运行、改错、编程等,为加深读者对相关知识点的理解,特别提供了一系列小问题让读者思考、探究;"实验总结"说明了实验的重点、难点。

怎样使用这本实验教程呢? 这里,我们给出以下几点建议:

(1)关于实验的课时数:如果 Java 课程开设一学期,每个实验可安排在 1 周内完成,也可以根据各自要求进行增加或删减;若是开设两学期,则可以将一些实验扩展在 2~3 周完成。

(2)关于实验环境:请按主教材第 1 章要求下载、安装 JDK,并进行适当配置,强烈推荐安装 Eclipse,这是当今较流行的 Java 开发软件,有助于提高编程效率。

(3)关于课前预习:读者在上机实践前,应对"相关知识点"的内容熟悉、掌握,这是实验的前提。如果达不到这一要求,那么应结合主教材及时复习相关知识点。

(4)关于上机实践时出现的问题:上机实践时出现问题,这是很正常的现象,即使是专家也无法避免,面对问题的正确态度是正视它、解决它,调试程序也是一种能力,这种能力需要在上机实践中提升。Java 中涉及的类、接口很多,我们没必要也不可能全部记住它们,但要能通过 Java API 文档和 Eclipse 提示信息快速找到自己所需要的内容,这是程序员的一项基本功,应

新世纪

予以重视。

(5)关于编程能力的培养:常听学生说,我能看懂别人的程序,但自己不会写,这是编程能力不强的表现。要提高编程能力,最重要的是理清编程思路,并进行一定题量的训练。阅读、分析他人的代码,理解其编程思路是一种非常有效的途径,在此基础上模仿、改进、创新,日积月累才能提高编程水准。

本教材由广州软件学院张屹、蔡木生任主编;由广州软件学院吴向荣、谭翔纬、蒋慧勇、潘正军、邹立杰、林若钦任副主编。具体编写分工如下:张屹编写实验11,蔡木生编写实验1、实验2、实验4、实验13,吴向荣编写实验10,谭翔纬编写实验9,薛慧勇编写实验3、实验5、实验6,潘正军编写实验8,邹立杰编写实验14,林若钦编写实验7、实验12。全书由谭翔纬统稿并定稿。

在编写本教材的过程中,编者参考、引用和改编了国内外出版物中的相关资料以及网络资源,在此表示深深的谢意!相关著作权人看到本教材后,请与出版社联系,出版社将按照相关法律的规定支付稿酬。

限于水平,书中也许仍有疏漏和不妥之处,敬请专家和读者批评指正,以使教材日臻完善。

编　者

2022 年 11 月

所有意见和建议请发往:dutpbk@163.com

欢迎访问高教数字化服务平台:https://www.dutp.cn/hep/

联系电话:0411-84708445　84708462

Contents

目录

实验1

Java入门

1.1 实验目的

1. 了解 Java 开发环境建立的必要性；
2. 学会 JDK 的下载与安装；
3. 熟悉环境变量的配置与测试；
4. 掌握命令行环境下 Java 程序的编译及运行方法；
5. 熟悉 Eclipse 集成环境下 Java 项目的创建、Java 程序的编辑、编译与运行方法；
6. 了解 Java 应用程序；
7. 能够模仿书中例子,编写简单的 Java 应用程序,并运行。

1.2 相关知识点

1. Java 程序可分为 Application 和 Applet(或 JApplet,下同)两种类型,尽管两者在程序格式、运行方式等方面存在差异,但它们也有共同点:先用文本编辑器得到扩展名为 java 的源文件,再编译成扩展名为 class 的类文件,如图 1-1 所示。

从上可知,创建 Java 开发环境是非常必要的,在此基础上才能进行程序的编写、编译和运行。

2. Java 源程序可以用文本编辑器(如记事本、写字板等)生成,专业的集成开发环境

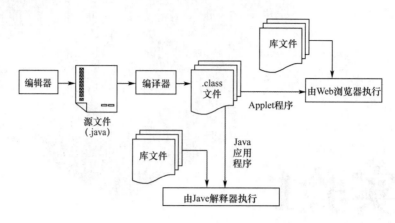

图 1-1　两类 Java 程序的执行流程

(如 Eclipse)使用方便、效率更高。Java 程序的编译、运行通常需要安装 JDK。JDK 的下载、安装比较简单,只要从 Oracle 公司网站下载相应文件,并在向导的指引下一步一步完成即可,不过有两项工作很重要,请务必重视:

(1)熟悉 JDK 目录的内容,包括 bin、lib、db、demo、jre、include、sample、src 等子目录,特别是 bin 目录中包括的工具程序,如:javac.exe、java.exe、javadoc.exe、appletviewer.exe 等。

(2)环境变量的配置。现假设 JDK 的安装目录为 C:\jdk1.6.0,主要有三个环境变量需要配置:

①变量名:JAVA_HOME,变量值:C:\jdk1.6.0。这一变量指明了 JDK 的安装位置,利用该变量,会使其他环境变量值的书写更简洁;当 JDK 的安装目录发生变化时,只需要修改它的值,其他设置不需要改变。

②变量名:PATH,变量值:…;%JAVA_HOME%\bin,…表示已设置的搜索路径,相互间用“;”隔开,当然也可以不使用 JAVA_HOME 环境变量,而直接写 bin 的绝对路径名。该变量的设置主要是为了让系统找到 Java SE 所提供的工具程序,而不需要每次使用时,都指定完整的路径名称。

③变量名:CLASSPATH,变量值:.(点号,表示当前目录)。这一变量的设置是为 Java 程序编译、运行时所用,依据该变量,工具程序、JVM 等能找到所需要的类或接口。现在,位于 jre/lib 目录下的 rt.jar 和 i18n.jar 及 jre/lib/ext 目录中的 jar 包都不需要在 CLASSPATH 中设置,应用程序就能找到它们;但如果是读者自己的 jar 包或使用第三方的 jar 包,则需要进行设置。

可以在 Windows 系统中可右击“我的电脑”,单击“属性”|“高级”|“环境变量”来配置这三个环境变量。环境变量的配置是否正确,可通过运行 bin 目录的工具程序予以检验。

3.Java 程序的两种类型

(1)Java 应用程序,是一种能在支持 Java 的平台上独立运行的程序,通过 JVM(Java 虚拟机)解释执行。Java 应用程序中用 public 修饰的类称为主类,主类一定包含 main()方法,它是应用程序的主要入口。包含主类的源程序命名有特殊规定,主文件名与主类名必须相同,扩展名为 java,严格区分大小写。Java 应用程序的格式如下:

```
public class 类名 {
    //属性的声明
    public static void main(String [] args){
        //程序代码
    }
    //其他方法的定义
}
```

(2)Java 小应用程序,是一种通过＜applet＞…＜/applet＞标记将字节码文件(class 文件)内嵌在 html 文档中,由支持 Java 的浏览器来运行的文件。小应用程序没有 main()方法,其格式如下:

```
import java.applet. * (或 javax.swing. * );
import java.awt. * ;
public class 类名 extends Applet(或 JApplet) {
    //属性的声明
    public void init( ){//初始化方法
        //程序代码
    }
    public void paint(Graphics g ){//显示结果方法
        //程序代码
    }
    //其他方法
}
```

嵌入小程序的 html 文档格式如下:

```
＜html＞
    ＜head＞＜title＞…＜/title＞＜/head＞
        ＜body＞
            ＜applet code＝类名.class width＝宽度 height＝高度＞
            ＜/applet＞
        ＜/body＞
＜/html＞
```

4.Java 程序的编译、运行

前面说过,任何一个文本编辑器都可以编辑 Java 文件,不过要注意,文件名应与主类名相同,扩展名为 java。编译、运行主要有以下两种方式:

(1)命令行方式:例如在 Windows 系统中,单击"开始"菜单中的"运行",在窗口中输入 cmd,再按回车键。

①编译:javac 源程序.java。

②Java 应用程序的运行:java 主类名。

③Java 小应用程序的运行:appletviewer html 文档。

(2)集成开发环境:提供强大的功能,集编辑、编译、运行于一体,下面以流行的 Eclipse 为例来说明。

①创建 Java 项目：打开菜单"File"|"New"|"Java Project"，输入项目名、存放目录等内容。

②创建 Java 类：打开菜单"File"|"New"|"class"，输入类名、包名等，编辑文件。

③编译、运行：先选定源程序，再单击菜单"Run"（或向右三角形或快捷菜单"Run As⋯"等），再选择 Java Application（或 Java Applet），若还需要输入命令行参数，则进一步选择"Open Run Dialog⋯"，这里可提供一个或多个参数。

1.3 实验内容与步骤

1. JDK 的下载与安装

（1）打开 Oracle 公司的站点 http://www.oracle.com/technetwork/java/javase/downloads/index.html，选择适合 Windows 的 JDK 最新版本（如 JDK 8.0）进行下载，并保存在某一目录中（如 D:\Java）；

（2）运行下载所得到的文件 jdk-8u18-windows-i586-p.exe，更改 JDK 的安装目录（如 c:\jdk1.8.0）；

（3）进入 JDK 的安装目录，查看 bin、lib、jre、demo 等子目录内容。

2. 环境变量的配置与测试（假设 JDK 的安装目录为 D:\Java\jdk1.8.0）

（1）右击"我的电脑"|"属性"|"高级"|"环境变量"或"开始"|"设置"|"控制面板"|"系统"|"高级"|"环境变量"，打开"环境变量"对话框，如图 1-2 所示。

图 1-2　设置环境变量

（2）单击"新建"按钮，新建系统变量 JAVA_HOME，如图 1-3 所示。

（3）如果系统变量 PATH 已存在，则在"环境变量"对话框中单击"编辑"按钮，修改
PATH，在变量值最前面添加%JAVA_HOME%\bin，如图 1-4 所示。

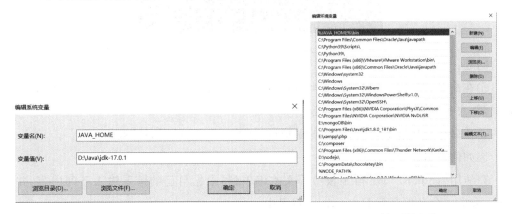

图 1-3　新建系统变量 JAVA_HOME　　　　　　图 1-4　编辑系统变量 PATH

假如系统变量 PATH 原先不存在，就新建一个，方法同步骤（2）。

（4）单击"新建"按钮，创建系统变量 CLASS_PATH，设置值为:.;%JAVA_HOME%
\lib;%JAVA_HOME%\lib\tools.jar;%JAVA_HOME%\lib\dt.jar，变量值前一定要
加上.（点号），表示当前目录，如图 1-5 所示。

（5）结果如图 1-6 所示，单击"确定"按钮保存。

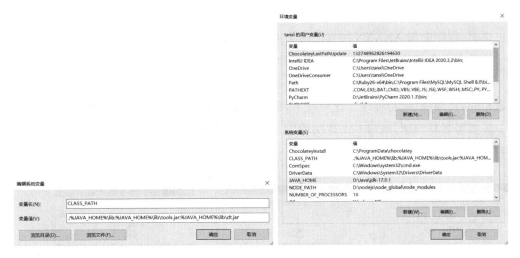

图 1-5　新建环境变量 CLASSPATH　　　　　　图 1-6　环境变量配置结果

（6）测试环境变量

①单击"开始"菜单|"运行"，输入 cmd，并按回车，进入命令行环境；

②输入并执行下列命令：

java - version

若出现如图 1-7 所示的画面，说明环境变量配置正确；否则，可能存在问题。

图1-7 运行java - version命令后的画面

问题：

①在命令行环境下，如何改变当前盘符、当前目录、显示当前目录的文件和子目录、清除屏幕、快速调用前面使用过的命令？

②在命令行环境下，如何使用剪贴板进行"剪切""复制""粘贴"操作？

③如何退出命令行环境？

3. 请用"记事本"（或"写字板"）等文本编辑器，根据自己的情况输入下列内容，并以MySelf. java命名保存到D:\myjava目录中：

```java
public class MySelf {
    public static void main(String [] args){
        System. out. println("姓名:"+"XXXXX");
        System. out. println("学号:"+"XXXXX");
        System. out. println("专业:"+"XXXXX");
    }
}
```

说明：程序中的XXXXX用自己的个人信息替代。

然后在命令行环境下，用javac编译程序，用Java运行程序。

4. 在集成开发环境中创建项目project1，之后也创建一个MySelf类，程序内容与上一题相同，再编译、运行程序。比较一下，集成开发环境与命令行环境的区别。

5. 参考教材例题，编写一个应用程序：输入长方形的长度、宽度，计算长方形的周长、面积，分别如图1-8～图1-10所示。

图1-8 输入长方形的长度　　图1-9 输入长方形的宽度　　图1-10 输出计算结果

6. 运行指定目录下的Java程序：

(1)在JDK安装目录下有demo\jfc子目录，其中有多个应用程序，例如：Notepad、Java2D、SwingSet2等，请用鼠标双击扩展名为jar的文件，了解一下Java应用程序的功能，有兴趣的读者还可以了解位于src目录下的源代码。

(2)运行JDK安装目录下的demo\applets子目录中Clock程序。

1.4　实验总结

　　本实验的内容是 Java 初学者应该掌握的,包括:Java 开发环境的搭建与测试,Java 程序的编辑、编译、运行,Java 程序的分类。要搭建 Java 开发环境,首先要下载 JDK,然后配置有关环境变量,例如:JAVA_HOME、PATH、CLASSPATH 等,可通过运行 java 等有关命令来测试;使用任何一个文本编辑器都可以编写 Java 源程序,不过要注意其命名要求;可在命令行环境中使用 javac、java 等编译、运行 Java 程序,Eclipse 等集成环境集编辑、编译、运行于一体,功能强大、使用方便、效率更高,应逐渐熟悉;Java 程序可分为 Application 和 Applet 两种类型,平时使用较多的还是 Application,Application 和 Applet 既有相同点,也有不同点,要注意区分。尽管有关 Java 程序设计的许多知识有待于在后续章节来学习,但是模仿例题,也应能编写、运行一些简单的 Java 程序。我们常说:良好的开端是成功的一半,只要把基础打牢,循序渐进,掌握 Java 并不是一件难事。

实验2

Java编程基础

2.1 实验目的

1. 熟悉基本的数据类型,包括其所占字节数、数值范围及常数的后缀形式;

2. 掌握变量的声明、初始化方法,能够正确区分全局变量(成员变量)和局部变量(本地变量);

4. 掌握算术运算符(＋、－、＊、/、％)和自增(＋＋)、自减(－－)运算符的使用;

5. 掌握关系运算符(＞、＞＝、＜、＜＝、＝＝、!＝)和逻辑运算符(!、＆＆、||)的使用;

6. 掌握 if…else…语句的单分支、双分支、多分支结构的使用;

7. 掌握 switch 语句的使用;

8. 熟悉循环结构的初始化部分、条件判断部分、修改条件部分、循环体部分的功能;

9. 掌握 for 语句的使用,熟悉 for 语句的简单应用(累加、连乘积、分类统计);

10. 掌握 while 语句的使用;

11. 掌握 do…while 语句的使用,能够正确区分 do…while 语句与 while 语句的不同之处;

12. 熟悉 Java 程序的常用输入输出格式;

13. 掌握一维数组的概念:一维数组的声明,创建,初始化,元素的访问;

14. 掌握多维数组的概念:二维数组的声明,创建,初始化,元素的访问。

2.2 相关知识点

1.Java 中的数据类型可分为基本数据类型和引用数据类型两大类,其中:基本数据类型包括 byte、short、int、long、char、float、double、boolean 八种,引用数据类型包括类、接口、数组等。熟悉基本数据类型的关键字、所占字节、数据范围、使用场合及数据类型的相互转化十分重要,这是编程的基础。

2.Java 中的关键字有 50 多个,它们是一些有特殊含义的单词,只能按系统规定的方式来使用,不能单独用作标识符。包名、类名、接口名、方法名、对象名、常量名、变量名等统称为标识符,对于这些标识符的命名 Java 有严格规定:必须以字母(严格区分大小写)、下划线(_)或美元符号($)开头,后续字符除了这三类之外,还可以是数字、中文字符、日文字符、韩文字符、阿拉伯字符,命名尽可能规范,做到"见名知义"。变量是指其值在程序运行中可改变的量,Java 是强类型语言,变量要"先声明、后使用"。在一条声明语句中,可以声明多个变量,也可以赋初值(称为初始化)。变量在运算前应初始化或赋值,例如:int count;count=count+1;如果 count 是全局变量(类的成员变量)且未初始化,则取默认值(例如:int 型为 0);如果 count 是局部变量(本地变量)且没有初始化,则编译时出错。Java 中的常量是一类特殊的变量,其值在程序运行期间不会改变,符号常量用 final 关键字来定义,常量名通常用大写,且多个单词之间用下划线连接,例如:Math 类的 PI 表示圆周率的近似值,Byte 类的 MIN_VALUE 与 MAX_VALUE 分别表示 Byte 类型的最小值和最大值。

3.运算符指明了操作数将要进行的运算。根据操作数的数目,运算符可分为单目运算符、双目运算符、三目运算符,从功能上可分为:算术运算符,自增、自减运算符,关系运算符,逻辑运算符,位运算符,移位运算符,赋值运算符,条件运算符等:

(1)算术运算符:包括+、−、*、/和%,请注意,"/"运算符在整数运算与浮点数运算的差异,char 类型有整数类型的特征,能进行算术运算。

(2)自增、自减运算符:包括++、−−,根据是"先运算后赋值",还是"先赋值后运算"可分为前缀、后缀两种不同形式。

(3)关系运算符:包括>、>=、<、<=、==、!=,运算结果为 true 或 false;它们可分成三组互为相反的运算,只要知道其中一个运算式的值,与之相反的式子的结果也随之确定。

(4)逻辑运算符:包括!(非)、&&(与)、||(或),它们是在逻辑运算的基础上进行的连接运算,运算结果仍为 true 或 false,不过要注意它们运算的优先级不同;在运算结果能够确定的情况下,一些式子可能不再进行运算,即出现"短路"现象。

(5)位运算符:包括~(非)、&(与)、|(或)、^(异或),这是在二进制"位"的基础上进行的运算,运算结果为整数,^(异或)有特殊用途。

(6)移位运算符:包括<<(左移)、>>(带符号右移)、>>>(无符号右移),这也是在二进制基础上进行的运算,左移后在右边一律加 0,带符号数右移后则根据其正负来决定补什么内容,正数左边补 0,负数左边补 1,无符号右移左边补 0。

(7)赋值运算符:包括=、+=、-=、*=、/=、%=、&=、|=、!=、<<=、>>=等复合赋值运算符,它们的运算顺序为从右到左。

(8)条件运算符:运算符是"?:",这是唯一一个三目运算符。

当一个式子中出现多个不同的运算符时,应按照运算符的优先级进行运算。

4.运算符将操作数连接起来构成表达式,在表达式的尾部加上分号(;)就形成了一条语句,语句是构成程序的基本单位,程序就是由一条一条的语句组合而成的。为了增加程序的可读性,可使用注释语句。Java程序的注释语句有三种格式:单行注释(以//开始,到行尾结束)、多行注释(以/*开始,到*/结束,可以跨越多行文本内容)、文档注释(以/**开始,中间行以*开头,到*/结束)。编写源程序时添加必要的注释,是程序员应该具备的基本素养。

5.Java程序的三种基本结构:顺序结构、分支结构和循环结构。

(1)顺序结构:按照书写顺序从上到下逐条执行的结构,这是最简单的结构。

(2)分支结构:根据条件是否满足来选择某一语句的执行,可分为以下几种类型:

①if 单分支结构   ②if···else···双分支结构

```
if (条件表达式){
    语句
}
```

```
if (条件表达式){
    语句 1
}else {
    语句 2
}
```

③if···else···多分支结构

```
if (条件 1){
    if (条件 2){
        语句 1
    else
        语句 2
} else {
    语句 3
}
```
或
```
if (条件 1){
    语句 1
} else {
    if (条件 2){
        语句 2
    else
        语句 3
}
```
或
```
if (条件 1){
    语句 1
} else if (条件 2){
    语句 2
} else if (条件 3){
    语句 3
} else if (···)
    ...
} else {//条件 1、条件 2、···均不满足
    ...
}
```

④switch 多分支结构
```
switch (表达式){
case 常量 1:
    语句 1;
    break;
case 常量 2:
    语句 2;
    break;
    ...
```

```
default：
    语句 n+1；
    break；
}
```

（3）循环结构

在高级语言中，可以将反复执行的语句用循环语句来实现。与 C++类似，Java 中的循环有三种基本形式：

①for 语句

```
for（表达式 1；表达式 2；表达式 3）{
            循环体；
}
```

说明：该语句包含了"循环控制部分"和"循环体"两部分，其中，"循环控制部分"是由初始表达式（表达式 1）、条件判断表达式（表达式 2）、循环控制变量修改表达式（表达式 3）三部分组成，通过循环控制变量来控制循环的执行次数；"循环体"是每次循环所要执行的语句或语句块，它可以访问或修改循环控制变量的值。

②while 语句

```
    …                       //初始化语句
while（条件表达式）{           //进行条件判断
    语句块                    //循环体
    …                       //修改循环变量语句
}
```

③do…while 语句

```
    …                       //初始化语句
do {
    语句块                    //循环体
    …                       //修改循环变量语句
} while（条件表达式）；        //进行条件判断
```

请注意 while 语句与 do…while 语句的不同之处。

多重循环就是在一个循环体内允许包含另一个循环，嵌套的层数可以根据需要达到二十多层，具体需要多少层应视情况而定，执行多重循环需要耗费更多的系统资源。

6.跳转语句：可通过 break、continue、return 三种跳转语句来改变程序的执行顺序。

（1）break 语句：使程序的流程从一个语句块内部转移出去。该语句主要用在循环结构和 switch 语句中，允许从循环体内部跳出或从 switch 的 case 子句跳出，但不允许跳入任何语句块内。格式：break；

（2）continue 语句：终止本次循环，根据条件来判断下一次循环是否执行，只能用在循环结构中。格式：continue；

（3）return 语句：从某一方法中退出，返回到调用该方法的语句处，并执行下一条语句。格式：return ［表达式］

7. Java 程序常用的输入输出格式。

(1)常用输入格式

①命令行方式:用 main()方法的参数来表示,args[0]代表第 1 个参数,args[1]代表第 2 个参数,依此类推。

②传统的"I/O 流"方式:采用"字节流—>字符流—>缓冲流"逐层包装的方法,将代表键盘的 System.in 最终包装成字符缓冲输入流,这样,就可以调用它的 readLine()方法来获取键盘输入内容。当然,如果数据的目标类型是数值型,则也需要进行转换。

③使用 Scanner 类:这是 JDK 1.5 后新增的类,该类位于 java.util 包中,只需将 System.in 包装成 Scanner 实例即可,调用相应的方法来输入目标类型的数据,不需要再进行类型转换。这种输入方法简便、易用,值得推广。

④图形界面的输入方式:通过调用 javax.swing 包中 JOptionPane 类的静态方法 showInputDialog()来实现,输入的是字符串,也可能需要进行类型转换,这种方法的优点是界面漂亮。

(2)常用的输出格式

①传统的"I/O 流"方式:这种方式最常用,可以用"+"运算符将各种数据类型数据与字符串连接起来。

格式:System.out.print(输出内容);//不换行

或:System.out.println(输出内容);//换行

②图形界面的输出方式:通过调用 javax.swing 包中 JOptionPane 类的静态方法 showMessageDialog()来实现,当输出内容要分成多行时,可在字符串中插入'\n'。

8. 数组是一种引用类型(对象类型),它是由类型相同的若干数据组成的有序集合。数组需经过声明、分配内存及赋值后,才能使用。数组的属性 length 用来指明它的长度,与循环结合起来可以访问其全部或部分元素。根据维数的不同,数组还可分为一维数组、多维数组。

(1)一维数组:

①声明:数据类型 [ ]数组名; (或:数据类型 数组名[ ];)

②定义:new 数据类型[数组的长度];

也可以将声明、定义"合二为一",即:

数据类型 [ ]数组名 = new 数据类型[数组的长度];

(或:数据类型 数组名[ ] = new 数据类型[数组的长度];)

③初始化:在声明数组的同时,就为数组元素分配空间并赋值。

例如:int a[ ] = {1, 6, 8};相当于 int a[ ] = new int[3];和 a[0]=1,a[1]=6,a[2]=8;

④数组元素的访问和数组大小的获取。访问数组元素:数组名[index];,数组大小的属性:length 用来指明其长度。

⑤命令行参数:main(String args[]){…}的参数 args 是 String 类型的一维数组,第一个参数为 args[0],第二个参数为 args[1],依此类推。以运行 Test 应用程序为例,命令格式为:

java Test 参数1,参数2,…

(2)多维数组:Java 是把多维数组当作"数组的数组"来处理的,即把一个多维数组也看作是一个一维数组,而这个一维数组的元素又是一个降了一维的数组。多维数组每一维的大小还可以不同,即不规则的多维数组。现以二维数组为例进行说明:

①声明:数据类型 数组名[ ][ ];(或:数据类型[ ][ ] 数组名;)

例如:int array[][]; String words[][];

②创建、赋值:对于规则的数组,先用格式:数组名= new 数据类型［行数]［列数];分配内存空间,再赋值。

对于不规则的数组,先用格式:数组名= new 数据类型［行数][ ];为行(最高维)分配内存空间,再为降维后的各数组元素分配空间,依此类推,最后是赋值。

③初始化:数组声明时,为数组分配空间、赋值。例如:int a[][]={{1, 2, 3}, {4, 5}, {6, 7, 8, 9}};

④数组元素的访问和数组大小的获取。数组元素的访问:数组名［行下标]［列下标];,数组大小的获取:length 属性。

2.3 实验内容与步骤

1.应用程序若要输出如图 2-1 所示结果,请将程序所缺代码填充完整,并加以运行。

图 2-1 程序运行结果

程序代码:

```
_____ Diamond {
    _____ main(_____ args[]) {
    System. out. println("     *");
    System. out. println("    *  *");
    System. out. println("   *    *");
    System. out. println("  *      *");
    _____;
    _____;
    _____;
    }
}
```

2.请按下列要求,将程序代码填充完整,并加以运行。

```java
public class Test {
        _____;// 初始值为 0 的整型变量 b1
        _____;// 初始值为 10000 的长整型变量 b2
        _____;// 初始值为 3.4 的浮点型变量 b3
        _____;// 初始值为 34.45 的双精度型变量 b4
        _____;// 初始值为'4'的字符型变量 b5
        _____;// 初始值为 true 的布尔型变量 b6
    public static void main(String _____) {
        // 输出变量 b1~b6 的值
    }
}
```

3.输入下列程序内容,运行程序,并回答相关问题。

```java
public class DataType {
    public static void main(String args[]) {
        byte a1 = 126, a2 = (byte) 256, a3 = 'A';
        System.out.println("a1=" + a1 + "\ta2=" + a2 + "\ta3=" + a3);
        int b1 = 12345, b2 = (int) 123456789000L, b3 = '0', b4 = 0xff;
        System.out.println("b1=" + b1 + "\tb2=" + b2 + "\tb3=" + b3 + "\tb4="+ b4);
        char c1 = 'a', c2 = 98, c3 = '\u0043', c4 = '\n';
        System.out.println("c1=" + c1 + "\tc2=" + c2 + c4 + "c3=" + c3);
    }
}
```

问题:

(1)变量 a2、a3 的输出内容是什么? 为何会出现这种变化?

(2)变量 b2、b3 的输出内容是什么? 为何会出现这种变化?

(3)'\t'、'\n'各有什么特殊用途?

(4)System.out 的 println()方法与 print()方法有什么不同?

(5)如何声明、初始化一个变量?

(6)b4 初始化时,被赋予什么进制的数?

(7)写出声明 ch 为字符型变量并初始化为'c'的三种不同写法。

4.写出下列程序的运行结果,并解释其原因。

```java
public class Pass {
    static int j = 20;

    public static void main(String args[]) {
        int i = 10;
        Pass p = new Pass();
        p.aMethod(i);
        System.out.println("i=" + i);
        System.out.println("j=" + j);
```

```
    }

    public void aMethod(int x) {
        x = x * 2；
        j = j * 2；
    }
}
```

5.下列程序定义了一个学生类 Student,它包含两个变量：strName(姓名)、intAge
(年龄),除了 main()方法外还有两个方法：Student(String name, int age)(构造方法)、
display()(显示学生信息,其内部还有一个利用随机方法生成的幸运指数)。分析、运行下
列程序,并回答问题。

```
import java.lang.Math; //引入数学类 Math
public class Student {

    String strName = ""; // 学生姓名
    int intAge = 0; // 学生年龄

    public Student(String name, int age) { // 构造方法,生成对象自动调用
        strName = name；
        intAge = age；
    }

    void display() { // 显示学生信息
        int intLuck； // 幸运指数
        // 用数学类随机函数生成(1,100)的整数,并赋给 intLuck
        intLuck = (int) (Math.random() * 100 + 1)；
        System.out.println("姓名:" + strName)；
        System.out.println("年龄:" + intAge)；
        System.out.println("幸运指数:" + intLuck)；
    }

    public static void main(String args[]) {
        Student zhang = new Student("张一山", 10)； // 创建对象 zhang
        zhang.display()；

        System.out.print('\n')；
        Student yang = new Student("杨紫", 12)； // 创建对象 yang
        yang.display()；
    }
}
```

问题：

(1)变量 strName、intAge 是什么类型的变量？是否已初始化？

(2)变量 intLuck 是什么类型的变量？是否已初始化？

(3)能否不创建对象 zhang、yang 而直接使用变量 strName、intAge？

(4)语句 System.out.print('\n')；的功能是什么？

6.分析、运行下列程序，并回答问题。

```java
public class Arithmetic {
    public static void main(String args[]){
        int a = 20；
        int b = 3；
        System.out.println(a + "+" + b + "=" + (a + b));
        System.out.println(a + "-" + b + "=" + (a - b));
        System.out.println(a + "*" + b + "=" + (a * b));
        System.out.println(a + "/" + b + "=" + (a / b));
        System.out.println(a + "%" + b + "=" + (a % b));
    }
}
```

问题：

(1)该程序的功能是什么？

(2)为什么 20/3 的结果是整数？若要让商带上小数，该如何修改程序？

(3)20%3 表示什么含义？整数 % 3 可能出现哪些值？

(4)能否将 +(a 运算符 b)的括号去掉？为什么？

7.分析、运行下列程序，并回答问题。

```java
public class IncreaseDecrease {
    public static void main(String args[]){
        int a = 10；
        System.out.println("a=" + a);

        int b = ++a；
        System.out.println("b=++a：" + b);
        System.out.println("a=" + a);

        int c = a++；
        System.out.println("c=a++：" + c);
        System.out.println("a=" + a);

        int d = a-- + --a + a；
        System.out.println("d=a-- + --a +a：" + d);
    }
}
```

问题：

(1)运算符＋＋、－－的基本功能是什么？

(2)前缀形式与后缀形式有什么不同？

8. 本程序要用到关系运算符、逻辑运算符。请填充程序所缺代码，使之输出如下结果。

```java
public class RelationLogical {
    public static void main(String args[]){
        boolean a = (35 >= 62);
        boolean b = ('C' < 'z');

        System.out.println("a=" + a);
        System.out.println("b=" + b);
        System.out.println(_____);
        System.out.println(_____);
        System.out.println(_____);
        System.out.println(_____);
    }
}
```

程序运行结果如图 2-2 所示：

```
a=false
b=true
!a=true
!b=false
a&&b=false
a||b=true
```

图 2-2　程序运行结果

9. 请参照教材例题，使用"输入"对话框输入任意三个 double 型数据 a、b、c，在消息输出框中输出逻辑表达式：a+b>c && a+c>b && b+c>a 的值（这是构成三角形的条件），如图 2-3～图 2-6 所示。

图 2-3　输入第一条边的值

图 2-4　输入第二条边的值

图 2-5　输入第三条边的值

图 2-6　输出结果

10. if…else…语句的双分支结构的使用：编程实现输入任意一个数 x，输出其绝对值。

$$y = \begin{cases} x & (x \geq 0) \\ -x & (x < 0) \end{cases}$$

提示:求一个数的绝对值实际就是计算分段函数的值,类名可以取为 Fabs。

11.使用嵌套 if…else…语句,编程实现:输入一个整数,判断其能否被 3、5 整除,并分别输出如下信息:

(1)能同时被 3、5 整除;

(2)能被 3 整除,但不能被 5 整除;

(3)能被 5 整除,但不能被 3 整除;

(4)不能被 3、5 整除。

12.分析、运行下列程序,体会 switch 语句的用法,并回答问题。

```java
public class SwitchDemo {
    public static void main(String[] args){
        int n = 25;
        switch (n / 10){
        case 1:
        case 2:
        case 3:
        case 4:
            System.out.println("The case is 4!");
            break;
        case 5:
            System.out.println("The case is 5!");
            break;
        case 6:
            System.out.println("The case is 6!");
            break;
        default:
            System.out.println("The case is Default!");
        }
    }
}
```

问题:

(1)程序的运行结果是什么?请解释其中的原因。

(2)请将程序中的 n 值分别改为 45、55、65、75,再运行程序,结果有什么不同?为什么?

13.分析、运行下列程序,并回答问题。

程序代码_1:

```java
public class E1 {
    public static void main(String args[]){
        char ch;
        for (ch = 'A'; ch <= 'z'; ch++){
            System.out.print(ch + "  ");
        }
    }
}
```

程序代码_2：

```java
public class E2 {
    public static void main(String args[]){
        int temp = -1;
        int sum = 0;
        for (int i = 10; i >= 1; i = i - 2){
            temp = temp * (-1);
            sum += temp * i;
        }
        System.out.print("sum=" + sum);
    }
}
```

程序代码_3：

```java
public class E3 {
    public static void main(String args[]){
        int i = 1;
        int p = 1;
        int sum = 0;

        while (i <= 5){
            p = p * i;
            sum += p;
            i++;
        }
        System.out.print("sum=" + sum);
    }
}
```

问题：

(1) 指出各循环结构的组成部分(初始化部分、条件判断部分、修改条件部分、循环体部分)。

(2) 各循环结构的循环次数是多少？

(3) 各循环结构的功能是什么？

14. 通过循环语句来模拟掷骰子 1 000 000 次的情况，点数 1~6 是利用 Math 类的静态方法 random() 随机生成的，之后统计各点数的出现比例并输出。

15. 编程求解不定方程 $2x+3y=65$ 在 $6 \leqslant x \leqslant 40, 15 \leqslant y \leqslant 50$ 区间中的全部整数解。

16. 一维数组的使用：根据注释填充程序所缺代码，然后编译、运行该程序，并回答相关问题。

```java
//一维数组:声明,创建,初始化,数组元素的引用及数组拷贝
public class ArrayDemo1 {
    public static void main(String[] args){
```

```
_____;                           // 声明一个名为 week 的 String 类型的一维数组
_____;                           // 为 week 数组分配存放 7 个字符串的空间
for (int i=0; i<week. length;i++)   // 输出 week 数组各元素的值
    System. out. println("week["+i+"] = "+_____);


System. out. println();
String FuWa[]={"贝贝","晶晶","欢欢","迎迎","妮妮"};
for (int i=0; i<_____;i++)       // 输出 FuWa 数组各元素的值
    System. out. println("FuWa["+i+"] = "+FuWa[i]);
    }
}
```

问题:

(1)一维数组如何声明、创建? 如果没有给数组元素赋值,则它们的取值如何?

(2)数组的静态初始化具有什么功能?

(3)要了解数组元素的个数,可用访问数组的什么属性得到?

(4)怎样引用数组的元素? 写出它的下标取值范围。

17. 二维数组的使用:根据注释填充程序所缺代码,然后编译、运行该程序,并回答相关问题。

```
//二维数组:声明,创建,动态初始化,数组元素的引用
public class ArrayDemo2 {
    public static void main(String[] args){
        // 声明一个名为 myArray 的数组,该数组有两行,每行列数不等,并为其分配内存空间
        _____;
        myArray[0]=new int[5];                // 第一行有五个元素,并为其分配内存空间
        _____;                             // 第二行有十个元素,并为其分配内存空间

        for (int j=0; j<myArray[0]. length;j++)   // 用 1~10 的随机整数给第一行元素赋值
            myArray[0][j]=_____;

        for (int j=0; j<_____;j++)         // 用 100~200 的随机整数给第二行元素赋值
            myArray[1][j]=(int)(Math. random() * 100+100);

        for (int i=0; i<_____;i++){        // 输出 myArray 数组各元素的值
            for (int j=0; j<myArray[i]. length;j++){
                System. out. print(myArray[i][j]+" ");
            }
            System. out. println();
        }
    }
}
```

问题：

（1）二维数组如何声明、创建？二维数组的列数是否一定要求相同？

（2）二维数组如何动态初始化？

（3）怎样理解"多维数组是数组的数组"？ length 作用于不同的数组：myArray.length，myArray[0].length，myArray[1].length，结果什么不同？

（4）怎样引用数组的元素？它们下标的取值范围怎样？

2.4　实验总结

盖房子需要沙、石、水泥、钢筋等原材料，还需要门窗等物件，只有了解这些原材料、物件的特点和属性，才能搭建质量上乘的房子。编写程序也是如此，本实验涉及的数据类型、标识符、常量、变量、运算符、表达式、语句、流程控制语句、常用的输入输出语句、数组等都是编程的基本元素，只有熟悉、掌握了这些基础知识，才能得心应手地编写程序。实验中涉及的内容较多，也比较琐碎，好在难度不大，只要多看、多用自然就能掌握，在 C++等高级语言中也有类似的内容，在使用时只要注意它们的不同点即可。

实验3

类与对象

3.1 实验目的

1.清楚类与对象之间的关系;

2.熟悉类的组成,掌握类的声明方法;

3.理解构造方法的作用,并掌握构造方法的定义;

4.掌握重载方法的创建和调用;

5.熟悉成员变量、局部变量的异同点;

6.熟练使用访问器和设置器实现信息隐藏和封装;

7.熟悉一般方法、构造方法的重载;

8.能够正确地区分静态变量与实例变量、静态方法与实例方法的不同,掌握静态变量和静态方法的使用;

9.掌握对象的创建、引用和使用及向方法传递参数的方式;

10.掌握 this 关键字的使用以及对象数组的创建和访问;

11.理解包的作用,熟悉 Java 包在文件系统中的表示形式;

12.掌握 Java 包的创建、包成员的各种访问方式。

3.2   相关知识点

1.类是对具有相同属性和行为的对象的抽象,是对象的模板。定义类包括类声明和类体两部分内容,其中,类体又包含变量声明、方法定义两部分内容。类的声明需要指定类名并使用关键字 class、访问修饰符和类型修饰符。类的访问修饰符的作用是指定其他类对该类的访问权限,包括 public 和缺省两种。变量和方法的声明也需要指定访问修饰符,它们包括:public、protected、缺省和 private,作用是指定其他类对它们的访问权限。类的定义如下所示:

```
//使用关键字 class 定义具有缺省访问权限的 Student 类
class Student{
    //声明一个私有访问权限的变量
    private String name;
    //声明一个缺省访问权限的变量
    int age;
    //声明一个受保护访问权限的变量
    protected String dept;
    //定义一个公有访问权限的方法
    public void printMsg(){
        ……
    }
    ……
}
```

2.变量的类型由变量声明指定,每个变量在使用之前,都必须先声明。使用 static 声明的变量为类变量或静态变量,否则为实例变量。实例变量是指针对类的不同实例,占用不同内存空间的变量;而类变量为所有实例所共享。在 Java 中,所有成员变量在使用前都必须有确定的值,当声明变量不显示初始化时,系统将以一个默认的值对变量进行初始化。实例变量和类变量的声明示例分别为:private int sno,age＝16 和 private static String sname。

3.方法的类型修饰符最常见的是缺省和 static 两类,使用 static 声明的方法称为类方法或静态方法,否则为实例方法。实例方法是指用于操作类的实例变量、类变量、其他实例方法和类方法的方法;类方法则指只能操作类变量和其他类方法的方法。一个方法在正常执行后,或者返回某个值或者没有返回值。当方法有返回值时,需要在方法名前使用所返回值的相应数据类型来声明方法,同时,还需要在方法体中使用 return 语句返回值;如果方法执行后没有值返回,则需要在方法名前使用关键字 void 来声明方法,此时方法体中可以不使用 return 语句。方法当有多个参数时,参数之间使用逗号隔开,没有参数时,小括号必须照写。声明方法时给定的参数称为虚参,调用方法时给定的参数称为实参,实参和虚参必须一一对应。实例方法和类方法的定义如下所示:

```
class A{
    private int age;
    private static String msg;
    //定义一个返回值类型为 int 且无参的实例方法
    public int getAge()
    {
        return age;                        //操作实例变量
    }
    //定义一个无返回值的无参静态方法
    public static void printMsg(){
        System. out. println(msg);         //操作类变量
    }
    //定义一个无返回值且具有两个参数的实例方法
    public void g(int value,string str){
        msg=str;
        setAge(value);                     //调用实例方法
        printMsg();                        //调用类方法
    }
}
```

4.变量的有效范围由变量的声明位置所决定。在类体中的任何方法之外声明的变量称为成员变量；在类体某个方法体内部或方法参数列表中声明的变量称为局部变量。成员变量在整个类内部有效，局部变量只在声明它的方法内有效；成员变量在使用前可以不用显式初始化，局部变量在使用前必须显式初始化；如果局部变量的名字与成员变量的名字相同，成员变量将被隐藏；若要在方法体中使用被隐藏的成员变量，须使用 this 关键字。

5.封装性是 Java 的主要特点之一。使用访问器(getter)和设置器(setter)可以很容易地实现信息隐藏和封装。访问器用于获取实例变量的值,书写形式一般为 getXxx(),其中"Xxx"为实例变量名,并且如果变量名使用英文字母,第一个字母要大写,如要获取 Teacher 类中的 name 值,则书写为 getName()。访问器的访问修饰符只能为 public,并且方法的返回类型必须与实例变量的类型一致,同时在方法体中必须使用 return 返回所获取的实例变量的值。设置器用于设置实例变量的值,在设置的过程中可以使用一些判断语句来保证所设置的值的有效性。设置器的书写形式是 setXxx(参数),其中"Xxx"的内容和要求跟访问器的完全相同;"参数"中声明的数据类型必须与所设置的实例变量的完全一致,并且要求在方法体中对所设置的实例变量使用方法中的参数赋值;设置器的访问修饰符也必须使用 public;此外,设置器没有返回值。访问器和设置器的定义如下所示:

```
class Teacher{
    private int age;
    ……
    //定义访问器
    public int getAge(){
        return age;
```

```
        }
        //定义设置器
        public void setAge(int age){
            if(age<=0){
                System.out.println("输入的年龄无效");
            }else{
                this.age=age;
            }
        }
    }
```

6. 构造方法是一种特殊的方法,它的名字必须和类名完全相同,且不返回任何值,包括 void。构造方法的主要作用是初始化新创建的对象。Java 类必须至少有一个构造方法,如果定义类时没有显式定义构造方法,系统会自动提供一个缺省构造方法。缺省构造方法没有参数,且方法体为空。如果用户显式定义了类的构造方法,缺省构造方法将失效,此时如果需要一个无参的构造方法,必须显式定义它。类的构造器定义示例如下:

```
    class Teacher{
        private int age;
        private String name;
        //定义构造器
        public Teacher(int age,String name){
            this.age=age;
            this.name=name;
            ......
        }
    }
```

7. 在 Java 中,方法的唯一标识是方法名加参数列表,因而可以在一个类中定义多个方法名一样但参数列表各不相同的方法。一个类可定义多个同名而参数列表不相同的方法的特性,称为方法重载。例如:void add(int a,int b)和 void add(int a,int b,int c)这两个方法就是 add()的重载方法。当调用重载方法时,JVM 自动根据当前方法的调用参数形式在类的定义中匹配参数形式一致的方法。方法重载有两种类型:构造方法重载和方法重载。

8. 对象是类的具体实例,需要通过类来创建,创建对象的过程称为实例化。实例化对象包括两个步骤:一是使用 new 操作符为对象的各个实例变量分配内存并赋初始值;二是使用构造方法对对象的各个实例变量赋值,并返回一个引用给声明的对象变量,返回给对象变量的是这些实例变量内存位置的首地址。分配给对象的内存,称为对象实体,保存在堆内存中,而声明的对象变量保存在栈内存中。

9. 对象可以通过"."操作符操作对象的各个成员。

```
    class Teacher {
        int age;
        String name;
```

```java
    Teacher(String name, int age){
        this. name＝name;
        this. age＝age;
    }
}


public class App{
    public static void main(String[] args){
        //使用 new 操作符和构造方法实例化对象
        Teacher t＝new Teacher("李然",26);
        //对象通过"."操作符访问对象的各个成员
        System. out. println("姓名:"＋t. name+"\n 年龄:"＋t. age);
    }
}
```

10. 调用方法时,需要将实际值传给虚参。给方法传递实际值的方式有:按值传递、按引用传递和传递命令行参数。按值传递,是指向方法传递的实际值只是一些基本数据类型的值或常量,方法体中的代码不会对实参有任何影响。按引用传递,是指向方法传递的是一个对象、接口或数组的引用,此时被调用方法中的代码将直接访问原始的对象、接口或数组。Java 中的 main 方法可以接收命令行参数,在运行程序时,可以将通过键盘输入以空格进行分隔的任意数据传递给 main 方法的字符串数组参数。

11. this 关键字表示对当前对象的引用,可以出现在类的实例方法和构造方法的方法体或参数中。当成员变量与局部变量同名时,必须使用 this 引用成员变量,此外还可以使用 this 调用重载构造方法以及访问被隐藏的成员变量。

12. 对象数组是指以元素为对象的数组,初始化对象数组需要为每个元素创建对象,例 如 Student [ ] student ＝｛ new Student (2006090001,"小刘"), new Student(2006090002,"小李"), new Student(2006090003,"小唐"), new Student(2006090004,"小何")｝。访问对象数组元素需要首先使用下标引用数组元素,然后使用"."操作符来访问引用元素的成员,例如:s[0]. name。

13. 包是 Java 所提供的一种资源管理机制。使用 package 关键字来创建包。想让某个包中的类被包外其他的类访问,应将这个类设为 public,同时,还要使用以下三种方式中的其中一种在包外访问该 public 类:通过包名限定的类全名来访问该类、通过 import 语句导入该类和通过 import 语句导入该类所属的整个包。如果在一个程序中存在使用两个不相关包中的同名类时,不能使用导入类的方式,此时需要使用类全名来访问类。

3.3 实验内容与步骤

1. 分析下列程序,并回答相关问题。

```java
//定义圆形类 Circle
class Circle {
```

```
        private static float PI＝3.1415f;
        private float radius;
        //获取半径
        public float getRadius(){
            return radius;
        }
        //设置半径
        public void setRadius(float radius){
            this.radius ＝ radius;
        }
        //获取圆周长
        public float getPerimeter(){
            return 2 * (PI * radius);
        }
        //获取圆面积
        public float getArea(){
            return PI * radius * radius;
        }
    }
```

问题：

(1)Circle 类定义了几个属性？它们的类型、访问权限各是什么？

(2)类中的"PI"值可以在程序中更改吗？

(3)Circle 类定义了几个方法？它们的访问权限怎样？

2. 已知矩形具有宽度和长度两个属性，并且具有获取其周长和面积的行为，现在将该矩形抽象为一个 Rectangle 类，并假设该类具有的成员分别如下：

(1)成员变量：

width   //宽度

length   //长度

(2)成员方法：

float getWidth( )	//获取矩形宽度
float getLength( )	//获取矩形长度
float getPerimeter( )	//获取矩形周长
float getArea( )	//获取矩形面积
void setWidth(float w)	//设置矩形宽度
void setLength(float l)	//设置矩形长度

要求：请根据以上描述的成员，并参照第 1 题定义 Rectangle 类，要求将成员变量设置成私有访问权限，成员方法都设置成公有访问权限。

3. 现有 ViariableExample.java 文件，其内容如下：

```
public class ViariableExample {
        _____ 16;           //声明一个整型成员变量 x,同时赋初值 16
    int y;
```

```
    double z;
    void setZ(double z){
        _____;                    //使用方法参数给成员变量 z 赋值
    }
    void g(){
        int a;
        _____=3;                  //声明一个整型的局部变量 x,同时赋初值 3
        y=_____;                  //将局部变量 x 的值赋给成员变量 y
        a=_____;                  //将成员变量 x 的值赋给局部变量 a
        //输出局部变量 x 和 a 以及成员变量 x、y、z 的值
        System. out. println _____;
    }
}
```

要求：

根据题意和注释填充程序所缺代码。

问题：

(1)什么是成员变量和局部变量？它们分别在哪里声明？

(2)当成员变量和局部变量同名时,在一个方法中应如何访问它们？

4. 分析运行以下程序,并回答相关问题。

```
public class Student {
    /*声明了一个类变量和两个实例变量*/
    private static int sno;
    private String name;
    private float score;
    /*定义了六个实例方法和一个类方法*/
    public String getName(){
        return name;
    }
    public void setName(String sname){
        name=sname;
    }
    public float getScore(){
        return score;
    }
    public void setScore(float sc){
        score=sc;
    }
    protected void printName(){
        System. out. println("学生姓名:"+name);
    }
    void printScore(){
```

```
        System.out.println("总分是:"+score);
    }
    public static void main(String[] args){
        Student st1=new Student();
        Student st2=new Student();
        st1.sno++;
        st2.sno++;
        System.out.println("学生学号:"+sno);
        st.setName("张敏");
        st.setScore(630.5f);
        st.printName();
        st.printScore();
    }
}
```

要求:

分析程序,写出程序运行结果,然后编译运行程序,检验分析结果是否正确。

问题:

(1)程序中声明了几个变量,分别是什么类型的变量?

(2)sno 的值为多少? 为什么?

(3)name 和 score 变量的值可以使用什么方法赋值? 在程序中如果要获取它们的值,该如何做?

5.已知有以下类图,使用属性的设置器和访问器来访问每个属性,其中,学号 sno 的设置器要求在设置学号 sno 值之前,判断赋给 sno 属性的值是否包含前缀"S",如果不包含,则输出提示语句"学号是一个包含前缀'S'的字符串!";否则给 sno 属性赋值。

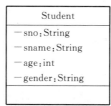

问题:

(1)属性设置器和访问器的作用分别是什么? 对它们一般需要设置什么访问权限?

(2)Student 类中定义了几个设置器? 它们有什么共同点?

(3)Student 类中定义了几个访问器? 它们有什么共同点?

6.修改第 1 题的 Circle 类:添加一个构造方法,同时添加测试类,代码如下。分析、运行程序,并回答相关问题。

```
//定义圆形类 Circle
class Circle{
    private static final float PI=3.14f;
    private float radius;
    //定义构造方法
```

```
        public Circle(float r){
            radius=r;
        }
        //获取半径
        public float getRadius(){
            return radius;
        }
        //设置半径
        public void setRadius(float radius){
            this.radius = radius;
        }
        //获取圆周长
        public float getPerimeter(){
            return 2 * (PI * radius);
        }
        //获取圆面积
        public float getArea(){
            return PI * radius * radius;
        }
        //返回圆的信息
        public String toString(){
            return ("半径="+radius+",周长="+getPerimeter()+",面积="+getArea());
        }
    }


public class CircleTest {
    public static void main(String args[]){
        Circle c1=new Circle();
        System.out.println("圆 1 的信息如下:");
        System.out.println(c1.toString());   //调用 toString()方法输出圆的信息
        System.out.println("====================");
        Circle c2=new Circle(3.6f);
        System.out.println("圆 2 的信息如下:");
        System.out.println(c2.toString());
    }
}
```

问题:

(1)该程序中有几个类?主类是什么?如果将这两个类放在一个文件中,源程序文件名应是什么?

(2)Circle 类定义了几个构造方法(构造器)?Circle 类中存在无参构造方法吗?如果要使用无参构造方法,应如何做?

(3)Circle Test 类中创建了几个 Circle 对象？这些对象是如何创建的？

(4)Circle Test 类中如何调用对象的方法？

7.参照第 6 题，按要求编写程序。

已知图书类 Book，它封装了：

(1)五个成员变量：

name	//表示书名
authors	//表示作者
press	//表示出版社
ISBN	//表示 ISBN
price	//表示价格

(2)12 个成员方法：

Book(String name, String authors, String press, String isbn, float price)　//构造方法

getName()	//获取书名
getAuthors()	//获取作者
getPress()	//获取出版社
getISBN()	//获取 ISBN
getPrice()	//获取价格
setName()	//设置书名
setAuthors()	//设置作者
setPress()	//设置出版社
setISBN()	//设置 ISBN
setPrice()	//设置价格
toString()	//输出图书的各项信息

根据上面描述的成员编写类 Book。再根据以下描述编写类 BookTest，用来使用 Book 类，具体描述如下：

在 BookTest 类的 main()方法中创建一个图书对象 bk1，它的各项内容依次为"Java 程序设计入门""王伟东""吉林电子出版社""7-900393-11-0/H·415""55.00"，然后输出 bk1 的各项信息；再修改 bk1 的相应信息为："Java 面向对象编程""孙卫琴""电子工业出版社""7-121-02538-8""65.80"，然后输出修改后的信息(提示：首先使用构造方法创建对象，然后调用设置器修改各个属性)。

8.编写程序，模拟银行账户功能。要求如下：

(1)属性：账号、储户姓名、地址、存款余额、最小余额。

(2)方法：存款、取款、查询。

根据用户操作显示储户相关信息。如存款操作后，显示储户原有余额、今日存款数额及最终存款余额；取款时，若最后余额小于最小余额，拒绝取款，并显示"至少保留余额：'XXX'"。

9.分析、填充、运行下列程序,并回答相关问题。

```java
//方法重载应用
public class OverrideTest1 {
    public static void main(String[] args){
        _____;            //创建一个 Calculate 类的对象 cal
        int a=7, b=8, c=11;
        System.out.println("a="+a+", b="+b+", c="+c);
        System.out.println("前两个 int 型数的平均数:"+cal.average(a,b));
        System.out.println("三个 int 型数的平均数:"+cal.average(a,b,c));
        System.out.println();
        double x=7.0, y=8.0, z=11.0;
        System.out.println("x="+x+", y="+y+", z="+z);
        System.out.println("前两个 double 型数的平均数:"+cal.average(x,y));
        System.out.println("三个 double 型数的平均数:"+cal.average(x,y,z));
    }
}


//定义 Calculate 类
class Calculate {
    //计算两个 int 型数的平均值
    public int average(int a, int b){
        return (a+b)/2;
    }
    //计算两个 double 型数的平均值
    public double average(double a, double b){
        return (a+b)/2;
    }
    //用重载方法计算三个 int 型数的平均值
    public _____{
        return (a+b+c)/3;
    }
    //用重载方法计算三个 double 型数的平均值
    public _____{
        return (a+b+c)/3;
    }
}
```

要求:

根据题意和注释填充程序所缺代码。

问题:

(1)什么是方法重载?

(2)Calculate 类中的四个计算平均数方法相互间有什么关系? 它们的名字是否相

同？参数在类型、次序、个数上有什么差异？

　　(3)int 型数据与 double 型数据运算结果有什么不同？

　　10. 分析、填充、运行下列程序，并回答相关问题。

```
//构造器重载应用
public class OverrideTest2 {
    public static void main(String[] args){
    //使用 Box 类的无参构造方法创建对象 box1
    _____;
    System.out.println(box1);

    //使用 Box 类带一个参数的构造方法创建对象 box2,参数值为 5.0
    _____;
    System.out.println(box2);

    //使用 Box 类带三个参数的构造方法创建对象 box3,其中三个参数长、宽、高分别为 10.1、
    //20.2、30.3
    _____;
    System.out.println(box3);
    }
}

//定义 Box 类
class Box {
    private double length;              //盒子的长度
    private double width;               //盒子的宽度
    private double height;              //盒子的高度

    public Box(){                       //默认构造器
        length=3.6;
        width=2.3;
        height=1.9;
    }
    public Box(double x){               //带一个参数的构造器
        length=x;
        width=x;
        height=x;
    }
    public Box(double l,double w, double h){ //带三个参数的构造器
        length=l;
        width=w;
        height=h;
```

```
        }
    public String toString(){                        //输出盒子的信息
        return ("盒子的长度："+length+"，宽度："+width+"，高度："+height);
    }
}
```

要求：

根据题意和注释填充程序所缺代码。

问题：

(1)Box 类有几个构造器？

(2)如何定义构造器？构造器有无返回值？

(3)编译器如何调用重载的构造器？

11. 下列程序是将第10题程序用 this 关键字改写的,请分析、运行程序,并回答问题。

```
//关键字 this 的应用
public class OverrideTest2 {
    public static void main(String[] args){
        //使用 Box 类的无参构造方法创建对象 box1
        Box box1＝new Box();
        System. out. println(box1);

        //使用 Box 类的带一个参数的构造方法创建对象 box2,参数值为 5.0
        Box box2＝new Box(5.0);
        System. out. println(box2);

        //使用带三个参数的 Box 类的构造方法创建对象 box3,其中三个参数长、宽、高分别为
        //10.1、20.2、30.3
        Box box3＝new Box(10.1,20.2,30.3);
        System. out. println(box3);
    }
}


//定义 Box 类
class Box {
    private double length;                    //盒子的长度
    private double width;                     //盒子的宽度
    private double height;                    //盒子的高度

    public Box(){                            //默认构造器
        length＝3.6;
        width＝2.3;
        height＝1.9;
    }
```

```
    public Box(double x){                        //带一个参数的构造器
        this(x,x,x);
    }
    public Box(double length,double width, double height){    //带三个参数的构造器
        this. length＝length;
        this. width＝width;
        this. height＝height;
    }
    public String toString(){                        //输出盒子的信息
        return ("盒子的长度："＋length＋"，宽度："＋width＋"，高度："＋height）;
    }
}
```

问题：

(1)this. length＝length；中的 this 代表什么?

(2)this(x，x，x)；中的 this 是什么含义?

12.按以下描述和要求设计一个课程类 Course,它封装了：

(1)四个成员变量：

courseID	//课程代号
courseName	//课程名称
credit	//课程学分
teacher	//任课老师

(2)五个重载的构造器：

Course()   //默认的构造器

Course(String courseID)   //单参数的构造器

Course(String courseID,String courseName) //两个参数的构造器

Course(String courseID,String courseName, int credit)   //三个参数的构造器

Course(String courseID,String courseName, int credit,String teacher)   //四个参数的构造器

要求：

(1)Course(String courseID,String courseName)构造器要调用 Course(String courseID,String courseName, int credit)构造器；

(2)构造器 Course(String courseID,String courseName, int credit)要调用 Course(String courseID,String courseName, int credit,String teacher)。

13.分析、运行下列程序,并回答相关问题。

```
//静态方法和实例方法的应用
class MethodExample2{
    private int x;                    //声明一个实例变量
    private static int y;             //声明一个类变量
    void f(){                         //实例方法
        x＝20;
        System. out. println("x＝"＋x＋",y＝"＋y);
```

```
            g(30);
        }
        static void g(int a){                    //类方法
            y=a;
            printY();
        }
        static void printY(){                    //类方法
            System.out.println("y="+y);
        }
    }
    public class MethodExampleTest2 {
        String mystring="hello";
        public static void main(String args[]){
            System.out.println(mystring);
            MethodExample2 m=new MethodExample2();
            m.f();
            MethodExample2.g(60);
        }
    }
```

问题：

(1)实例变量和类变量的含义是什么？如何声明它们？

(2)实例方法和类方法的含义是什么？如何声明它们？

(3)f()方法中可以访问什么类型的变量和方法？

(4)g()方法中可以访问 x 变量吗？可以在其中调用 f()方法吗？

(5)在主类中，应如何调用实例方法和类方法？

(6)运行程序时，出现如下错误：

无法从静态上下文中引用非静态变量 mystring

请分别用"类变量、类方法"和"实例变量、实例方法"两种完全不同的方法进行修改，使其能正确运行。

14.创建银行账户类 SavingAccount，用静态变量存储年利率，用私有实例变量存储存款额。提供计算年利息的方法和计算月利息(年利息/12)的方法。编写一个测试程序测试该类，建立 SavingAccount 的对象 saver，存款额是 6 000，设置年利率是 3%，计算并显示 saver 的存款额、年利息和月利息。

15.分析、填充和运行下列程序，并回答相关问题。

```
//引用传值和命令行参数传值应用
public class MethodCallExample {
    public static void main(String[] args){
        int arr[]=new int[3];
        System.out.println("通过命令行参数给数组 arr 赋值：");
        for(int i=0;i<3;i++){
```

```
//使用 Integer 的整数解析方法将数值型字符串转换成整数后赋给 arr 数组对应
//元素
_____=Integer. parseInt(args[i]);
System. out. println("第"+(i+1)+"个命令行参数 ="+_____);
    }

System. out. println("调用 doubler 方法前:");
for(int i=0;i<arr. length;i++){
    System. out. println("arr["+i+"]="+arr[i]);
}
ArrayDoubler ad=new ArrayDoubler();
_____;                    //调用 doubler()方法,并向该方法传递数组 arr 的引用
System. out. println("调用 doubler 方法后:");
for(int i=0;i<arr. length;i++){
    System. out. println("arr["+i+"]="+arr[i]);
}
    }
}


class ArrayDoubler{
    void doubler(int a[]){              //将数组元素值加倍
        for(int i=0;i<a. length;i++){
            a[i] *=2;
        }
    }
}
```

要求:

(1)根据题意和注释填充程序所缺代码;

(2)打开命令运行窗口,首先编译程序,编译成功后使用java命令并输入参数 2、3、4,回车运行程序查看结果。

问题:

(1)如何获取命令行参数值?

(2)如何引用数组? 引用传值是否会改变所传参数所引用的对象?

16. 分析、填充和运行下列程序,并回答相关问题。

```
package lab3. arr. obj;
public class Student {
    private String sno;
    private String sname;
    private int Chinese,English,Math;
    public Student(String sno,String sname,int Chinese,int English,int Math){
        this. sno=sno;
```

```
            this. sname=sname;
            this. Chinese=Chinese;
            this. English=English;
            this. Math=Math;
        }
        public String getSno(){
            return sno;
        }
        public void setSno(String sno){
            this. sno = sno;
        }
        public String getSname(){
            return sname;
        }
        public void setSname(String sname){
            this. sname = sname;
        }
public int getChinese(){
    return Chinese;
}
public void setChinese(int chinese){
        Chinese = chinese;
    }
    public int getEnglish(){
        return English;
    }
    public void setEnglish(int english){
        English = english;
    }
    public int getMath(){
        return Math;
    }
    public void setMath(int math){
        Math = math;
    }
}


package lab3;
//导入 Student 类
_____;
public class ObjectArrayExample {
    //声明一个长度为 4 的对象数组
```

```
        Student1[] student = _____;
        public ObjectArrayExample(){
            //初始化对象数组
            _____
        }
        void printArrayElement(){
            int max=0,j=0;
            int[] sum=new int[4];
            for(int i=0;i<student.length;i++){
            //使用循环语句来求每个学生三门课的总分,并赋给 sum 数组对应元素
                sum[i]=_____;
            }
            for(int i=0;i<sum.length;i++){
                if(max<sum[i]){
                    max=sum[i];
                    j=i;
                }
            }
            //输出总分最高的学生姓名、学号、语文成绩、英语成绩、数学成绩和总分
            System.out.println("总分最高的学生姓名:"+_____+",学号:"+
            _____+",语文成绩:"+_____ +",英语成绩:"+
            _____+",数学成绩:"+_____ +",总分是:"+max);
        }
        public static void main(String args[]){
            ObjectArrayExample objarr=new ObjectArrayExample();
            objarr.printArrayElement();
        }
    }
```

要求:

根据题意和注释填充程序所缺代码。

问题:

(1)如何定义对象数组?

(2)如何访问对象数组元素的成员变量?

(3)包为 lab3.arr.obj 的类的保存路径是什么?

3.4 实验总结

这一章节的实验内容比较丰富,涉及的知识点也多。实验内容按照:类的定义、成员变量和局部变量、信息隐藏和封装、构造方法、方法重载、对象的创建及引用、方法参数传递、this 关键字的使用、对象数组及包的使用的顺序来组织。要求根据需要正确使用访问

修饰符和类型说明符声明类及其变量和方法；能正确区分和使用成员变量和局部变量，清楚各自的作用域；能熟练使用访问修饰符进行数据的隐藏和封装设置；能正确定义构造器，并能根据具体情况进行构造方法和普通方法的重载定义；能熟练使用构造器创建对象，并能通过"."操作符访问对象成员；调用方法时能向方法传递正确类型的参数，并清楚按值传递和按引用传递参数的不同之处；能熟练运用 this 关键字进行相关的操作；能正确定义对象数组实现一些较复杂的功能；能熟练使用包机制进行资源的管理以及在类中引用其他资源。

实验4

常用类

4.1 实验目的

1. 掌握 String 类的基本构造方法和常用方法的使用；

2. 熟悉 StringBuffer 类的追加、插入、查找、替换、删除等操作；

3. 熟悉 Math 类常量及常用方法的调用；

4. 熟悉包装类的功能、重要属性、主要构造器和常用方法；

5. 熟悉 Date 类的主要构造方法和常用方法，明白其不足之处；

6. 熟悉 GregorianCalendar 类的主要构造方法、常用方法，能够正确地创建日历对象、输出日期对象对应的分量及计算两个日期的间隔；

7. 熟悉 SimpleDateFormat 类的主要构造方法、常用方法，掌握格式化输出日期的方法与步骤；

8. 熟悉 API 文档的使用，能够查阅包中类、接口、枚举、异常的相关信息；

9. 了解 StringTokenizer 类的一般使用；

10. 熟悉 StringBuffer 和 StringBuilder 的使用与区别。

4.2 相关知识点

1. 字符串（String）几乎在每一个程序中都会出现，请务必掌握主要内容：

　　(1)用双引号("")将多个字符括起来就形成了字符串常量,与C++不同,Java字符串不能看成是字符(char类型)数组。Java采用了"对象池"技术来存放字符串常量,池中已存在的字符串就不会再生成,提高了字符串常量的使用率。

　　(2)字符串的一个重要特性是其内容的不可改变性,也就是说,字符串一旦生成,它的值及所分配的内存空间就不能再被改变。如果硬性改变其值,将会产生一个新的字符串。在操作时要特别注意,要清楚字符串引用的对应关系,指向新串还是原串,有无垃圾产生。

　　(3)String类有多个构造方法,可以用字符串、缓冲字符串、字符数组、字节数组等为参数创建字符串。字符串的操作方法很多,归结起来可分成六种操作类型:计算字符串长度、字符串的比较(结果通常为boolean型或int型)、字符串内容的提取(结果通常为char型、String型、byte型或对应的数组类型)、字符串的查找(结果通常为int型)、字符串内容的修改(其实原字符串内容不变,修改结果是以新字符串形式出现,通常要用字符串引用来指向它)、字符串与基本类型的互换(包括:将基本类型数据转换成字符串、将字符串形式的数据转换成基本类型的数据)。需要提醒的是"+"号,这是Java中唯一实现重载的运算符,它能将字符串与任何类型数据连接,形成新字符串。

　　2.缓冲字符串(StringBuffer)可以弥补String的不足,该类对象在进行增、删、改等操作时并不会产生新字符串,而是将结果作用于该对象本身;StringBuffer的构造方法也有几个,请加以区分。进行字符串操作时,StringBuffer对象的长度会随着文本的增加而不断增长,当长度大于其现有容量时,会自动增加容量。StringBuffer的强项是进行追加、插入、删除、修改等操作,通常需要调用toString()方法来实现从StringBuffer类型到String类型的转换。

　　StringBuilder类也是一个可变的字符序列。此类提供一个与StringBuffer兼容的API,但不保证同步。该类被设计用作StringBuffer的一个简易替换,用在字符串缓冲区被单个线程使用的时候,这种情况很普遍。

　　在Java中,首先出现的是StringBuffer,StringBuilder类出现在JDK 1.5及以后的版本,JDK 1.4(包括1.4)之前是不存在该类的。因此,请注意不要在JDK 1.4的环境里使StringBuilder类,否则会出错。

　　如果可能,建议优先采用StringBuilder类,因为在大多数实现中,它比StringBuffer要快。在StringBuilder上的主要操作是append和insert方法。这两种方法都能有效地将给定的数据转换成字符串,然后将该字符串的字符添加或插入到字符串生成器中。append方法始终将这些字符添加到生成器的末端;而insert方法则在指定的位置添加字符。

　　将StringBuilder的实例用于多个线程是不安全的。如果需要这样的同步,则建议使用StringBuffer。StringBuilder类可以用于在无须创建一个新的字符串对象情况下修改字符串。StringBuilder不是线程安全的,而StringBuffer是线程安全的。但StringBuilder在单线程中的性能比StringBuffer高。

　　3.数学类(Math)位于java.lang包中,它继承了Object类,包含基本的数学计算,如指数、对数、平方根和三角函数,由于它是final类,因此不能再被继承。Math类的属性、方法绝大多数是静态(static)的,在使用时不必创建对象,直接采用Math.属性 或 Math.方法([参数表])格式调用即可。随机函数有重要用途,利用它可以模拟随机事件的发生,例如:抽奖、发扑克牌等,但其使用比较灵活,应精心设计。

4. 八种基本数据类型都有对应的包装类:Boolean、Byte、Short、Integer、Long、Character、Float、Double,它们能将基本类型数据转换成对象类型,以适用相关场合的使用。不同包装类拥有的属性不一样,不过都提供了基本类型数据与对象类型数据互换、基本类型数据与字符串进行转换的方法。

5. 编程时经常会用到日期时间,可利用下面几个类来实现相应功能:

(1)Date 类:它代表的是时间轴上的一个点,用一个时间长度(Date 对象代表的时点距离 GMT[格林尼治标准时间]1970 年 1 月 1 日 00 时 00 分 00 秒的毫秒数)来表示。Date 类具有操作时间的基本功能,例如:获取系统当前时间。由于该类在设计上存在严重缺陷,它的多个方法已过时、废弃,相关功能已转移到 Calendar 等类中实现。

(2)GregorianCalendar 类:是日历类 Calendar 的一个具体子类,位于 java. util 包中,它支持多种日历,利用它可以构造任意时点的日历对象,该类定义了多个字段常量,可以通过调用 get (int field)、set(int field, int val)方法来得到、设置时间分量的值。

(3)SimpleDateFormat 类:要得到多个时间分量构成的输出结果,可以通过调用 GregorianCalendar 类的多个 get (int field)式子连接而成,不过这样操作很麻烦。SimpleDateFormat 类在这方面有相当大的优势,它为用户提供了通过定义"输出模式"来控制日期输出格式的方法,操作简便。

6. 熟悉 Java API 文档的使用,能够熟练地使用 API 文档查阅相关信息,这是进行 Java 程序设计的基本要求。

7. 字符串中可能包含一些分隔符,当要进一步获取各分隔部分的内容时,可使用 StringTokenizer 类。该类在构造时可使用默认的分隔符,也可自己指定分隔符,数量可以为一个或多个,利用循环可逐一得到字符串的各组成元素。所提供的方法有两种不同的组合:hasMoreTokens()和 nextToken()、hasMoreElements()和 nextElement(),调用时选择其中一组即可,有关 StringTokenizer 类详细内容,可查阅 API 文档。

4.3   实验内容与步骤

1. 运行下列程序,并回答问题。

```
//字符串的比较
public class StringCompare {
        public static void main(String args[]){
        String s1 = "abc";
        String s2 = "abc";
        String s3 = new String("abc");
        String s4 = new String("abc");
        System. out. println("s1==s2?:" + (s1 == s2));
        System. out. println("s1==s3?:" + (s1 == s3));
        System. out. println("s3==s4?:" + (s3 == s4));
```

```
System.out.println("s1.equals(s2)?:" + s1.equals(s2));
System.out.println("s1.equals(s3)?:" + s1.equals(s3));
System.out.println("s3.equals(s4)?:" + s3.equals(s4));
System.out.println("s1.equals(s3)?:" + s1.compareTo(s3));
    }
}
```

问题：

（1）对于 String 对象来说，"=="运算符与 equals( )方法的功能有什么不同？

（2）s1 和 s2 是否指向同一对象？为什么？

（3）s3 和 s4 是否指向同一对象？为什么？

（4）s1==s3 是否成立？为什么？

（5）s1、s2、s3、s4 的内容是否相同？

（6）compareTo( )方法的功能是什么？当比较结果为负数、正数、0 时，分别代表什么含义？

2. 根据程序注释，将所缺代码补充完整，然后运行程序。

```
//String 类的使用
public class StringTest {
    public static void main(String args[]){
        // 创建一个以"zhangsan@scse.com.cn"为初值的 String 对象
        String str = _____;
        System.out.println("字符串的长度：" + _____); // 输出字符串的长度
        System.out.println("字符串的首字符：" + _____);// 输出字符串的首字符
        // 输出字符串的最后一个字符
        System.out.println("字符串的最后一个字符：" + str.charAt(str.length()- 1));
        // 输出字符'@'的索引号(下标)
        System.out.println("字符\'@\'的索引号(下标)：" + _____);
        // 输出最后一个点号(.)的索引号(下标)
        System.out.println("最后一个点号(.)的索引号(下标)：" + str.lastIndexOf('.'));
        // 输出该邮箱的用户名(第一个单词)
        System.out.println("该邮箱的用户名(第一个单词)："
            + str.substring(0, str.indexOf('@')));
        // 输出该邮箱的顶级域名(最后一个单词)
        System.out.println("该邮箱的顶级域名(最后一个单词)：" + _____);
        // 字符串全部以大写方式输出
        System.out.println("字符串全部以大写方式输出为：" + _____);
        // 字符串全部以小写方式输出
        System.out.println("字符串全部以小写方式输出为：" + str.toLowerCase());
    }
}
```

（小技巧：如果某一行的内容不会填写，可用//将该行内容注释掉，以免影响整个程序的运行。）

3. 根据程序注释,将所缺代码补充完整,再运行程序。

```
//StringBuffer 的增加、删除和修改
public class StringBufferTest {
    public static void main(String args[]){
        char ch[]={'2','0','0','8','年'};
        // 创建一个以"北京奥运会开幕时间:"为参数的 StringBuffer 对象
        StringBuffer sb=_____;
        _____;  // 在 sb 尾部追加"8 月 8 日晚 8 点"字符串
        sb. insert(_____,_____);  // 在 sb 头部插入字符数组 ch 的内容
        System. out. println("字符串内容为:"+sb. toString());

        int n=sb. indexOf("北京");
        sb. replace(n,_____,"第 29 届");  // 将字符串中"北京"替换为"第 29 届"
        System. out. println("替换后,得到的字符串内容为:"+sb. toString());

        System. out. println("字符串的长度为:"+_____);// 输出字符串的长度

        sb. delete(_____,18);  // 删除字符串中从第 6 个字符开始到第 18 个字符为止的内容
        System. out. println("删除字符串后,得到的字符串内容为:"+sb. toString());
    }
}
```

4. 运行下列程序,从中体会 Math 类中静态变量、静态方法的用法。

```
//Math 类的使用
public class MathTest {
    public static void main(String[] args){
        System. out. println(Math. E);
        System. out. println(Math. PI);
        System. out. println(Math. exp(2));
        System. out. println(Math. random());
        System. out. println(Math. sqrt(10.0));
        System. out. println(Math. pow(2, 3));
        System. out. println(Math. round(99.4));
        System. out. println(Math. abs(-8.88));
    }
}
```

5. (提高题)编写一个程序,从编号为 1~50 的学生中随机产生一等奖 1 名、二等奖 2 名、三等奖 3 名,任何一名学生不能重复中奖,抽奖顺序是:先抽三等奖,再抽二等奖,最后抽一等奖。

6. 编写 Calculator. java 程序,实现功能:从命令行输入两个操作数和一个运算符,参数格式为:操作数 1 运算符 操作数 2,其中,两个操作数为 double 类型,运算符为+、-、*、/中的一个,运行程序输出运算结果。

7.分析、填充、运行下列程序,并回答相关问题。

```
//Date 类的使用
import java.util.Date;
public class DateTest {
    public static void main(String[] args){
        _____;    // 创建一个日期对象 now,以记录系统当前时间
        System.out.println("当前日期:"+_____);// 输出 now 对象的内容

        Date newDate=new Date(5000000); // 距离 GMT 1970.1.1 0:0:0 的间隔为 5000 秒
        System.out.println("新的日期:"+newDate);

        System.out.println("当前日期早于新日期:"+now.before(newDate));
        System.out.println("当前日期晚于新日期:"+now.after(newDate));

        System.out.println("当前时间距离 GMT 1970.1.1 00:00:00 的毫秒数:"+_____);
    }
}
```

问题:

(1)Date 类中的时间间隔是以什么为单位来计算的?

(2)Date 类的 getTime()方法的功能是什么?

(3)解释程序中新日期 newDate 的输出结果。

8.利用 GregorianCalendar 的 get()方法输出系统的当前时间,输出格式:

北京时间:××××年××月××日××时××分××秒。

9.分析、运行下列程序,从中体会格式化输出日期的用法,并回答相关问题。

```
//SimpleDateFormatTest 类的使用
import java.util.*;
import java.text.*;
public class SimpleDateFormatTest {
    public static void main(String[] args){
        Calendar now = new GregorianCalendar();
        SimpleDateFormat formatter = new SimpleDateFormat();
        formatter.applyPattern("现在时间:yyyy 年 MM 月 dd 日 HH 时 mm 分 ss 秒 E");
        String str = formatter.format(now.getTime());
        System.out.println(str);
        Calendar Paris2024 = new GregorianCalendar(2024,7,27,3,12,0);
        // 得到两个时间相差的毫秒数
        long distance = Paris2024.getTimeInMillis()- now.getTimeInMillis();
        int days = (int)(distance / (24 * 60 * 60 * 1000)); // 转换为天数
        // 剩余的转换为总秒数,并考虑四舍五入
        long totalSeconds = Math
            .round((distance % (24 * 60 * 60 * 1000))/ 1000.0 + 0.5);
```

```
        int hh = (int)(totalSeconds / (60 * 60));  // 转换成小时数
        int mm = (int)((totalSeconds % (60 * 60))/ 60);  // 转换成分钟数
        int ss = (int)((totalSeconds % (60 * 60))% 60);  // 转换成秒钟数

        System.out.println("距离 2024 年巴黎奥运会开幕式还有:" + days + "天" + hh +
            "时" + mm+ "分" + ss + "秒");
    }
}
```

问题:

(1)SimpleDateFormat 类的功能是什么?

(2)SimpleDateFormat 类的主要字符串模式有哪些?

(3)用 SimpleDateFormat 类格式化输出日期的步骤是什么?

(4)如何计算两个日期相隔的时间长度?

10.(选做题)编写一个 Java 程序,具备如下功能:

(1)利用输入框一次性输入多名学生的成绩(为整数),成绩间用空格或逗号隔开;

(2)计算学生的平均成绩,通过消息框输出。

(提示:利用 StringTokenizer 类将字符串中的成绩分离出来,之后将它们存放到字符串数组中,再转化成 int 型数值,计算平均成绩并输出结果。)

11. 请使用 String、StringBuffer 和 StringBuilder 分别进行 10000 次字符串连接,分别输出它们的执行时间,比较它们的执行效率。

4.4　实验总结

本实验用到的类都是在编写程序时经常使用的类,程序通常要输出提示信息,字符串最适合这种场景,由于字符串的方法较多、使用灵活,请加以比较;为弥补字符串在增、删、改时频频产生垃圾的缺陷,引进了 StringBuffer 类和 StringBuilder 类;若要进行较为复杂的数学运算,可以选择 Math 类,调用其静态常量或方法;如果要将基本类型数据转换成对象类型,或是将字符串形式的数据转换成基本类型数据,可以使用包装类及其对应方法;程序中还可能用到时间日期,可以选用 Date 类或日历类,Date 类使用简便,但由于其设计上的严重缺陷,对日期、时间的操作更多的是使用 Calendar 及其子类(如:Gregorian-Calendar);SimpleDateFormat 类的优点是快速、简便地输出日期格式。熟悉、掌握这些类的最有效方法是多读代码、多写程序。

实验5

继承和多态性

5.1 实验目的

1. 理解继承的概念；

2. 掌握子类的创建；

3. 理解各种访问修饰符的作用,熟悉访问修饰符对子类继承性的影响并掌握子类的继承性；

4. 熟悉 is-a 和 has-a 的关系和区别；

5. 熟悉成员变量的隐藏和方法重写；

6. 掌握使用 super 访问被隐藏了的超类成员以及超类构造方法；

7. 理解继承的层次结构,熟悉构造方法的执行顺序；

8. 掌握 final 关键字的三种功能；

9. 理解多态性、子类对象及其向上转型对象之间的关系,并掌握向上转型对象的创建和使用；

10. 熟悉 instanceof 运算符的使用；

11. 熟悉并会运用 equals()方法、hashCode()方法和 toString()方法。

5.2 相关知识点

1. 继承是面向对象程序设计的一个主要特征,是一种由已有的类创建新类的机制。由继承而得到的类称为子类或派生类,被继承的通用类称为父类、超类或基类,子类继承超类是通过在子类的声明语句后面使用关键字"extends"来实现的。

```
class Manager extends Employee{
    ……
}
```

2. 使用 public 修饰符声明的类为公有类,使用缺省修饰符(没有任何修饰符)声明的类为友好类。公有类可以被包内和包外的任意类访问,即在任意类中,public 类都是可见的;友好类只能被同一个包中的类访问,对同一个包中的类是可见的。声明类成员变量和方法时,可使用的访问修饰符有四种:public、protected、缺省和 private,使用 private 声明的成员称为私有成员,只能在声明它们的类中使用,在类外不可见;使用 public 声明的成员称为公有成员,在所有可见该公有成员所属类的类中都可以通过对象或类名直接访问;使用 protected 声明的成员称为受保护的成员,受保护的成员能够被同一个包的任何类访问或通过继承访问;不使用 private、protected 及 public 声明的成员称为友好成员,能够在同一个包的其他类中被所属类的对象访问或类名直接访问,而不能被任何包外类对象或类名访问。

3. 子类的继承性需要由类成员访问修饰符来决定,在同一个包中,子类能继承超类的所有非 private 成员,在不同包中,子类只能继承超类的 public 和 protected 成员。

4. is-a 表示的是一种从属关系,是"一般和具体"的关系;而 has-a 表示的则是一种包含关系,是一种"整体和部件"的关系。在 Java 中,继承就是一种 is-a 关系,而聚合(组合)则是一种 has-a 关系。

5. 成员变量的隐藏是指在子类中定义了与超类同名的成员变量,且这些成员变量在超类中是非私有的,此时子类的成员变量隐藏了超类的成员变量,超类的这些成员变量不能被子类继承。方法重写是指在子类中定义了一个方法,这个方法的名字、返回类型和参数声明与超类的某个方法完全相同,并且超类的这个方法是非私有的,此时超类的这个方法被子类隐藏而不能被子类继承,称这时子类的这个方法覆盖(override)或重写了超类的同名方法。

6. super 关键字可在子类中用来表示对直接超类的引用,可以使用它来访问在子类中被隐藏了的超类的成员变量和被重写的超类方法,也可以使用它来调用超类的构造方法。super 访问被隐藏的成员的格式是:super. 成员名;,调用超类构造方法的格式是:super(参数列表);。在子类的构造方法中,如果没有显式使用 super 关键字调用超类的某个构造方法,则系统会默认地在子类中执行 super()语句,在子类中 super 通过参数来匹配调用超类的构造方法,所以,使用 super 调用超类构造方法时,必须保证超类中定义了相对应的构造方法。

```
class People{
    String name;
```

```
        int age;
        int num=26;
        People(String name,int age){
            ……
        }
    }


class Employee extends People{
    String position;
    int num=39;
    Employee(String name,int age,String position){
        super(name,age);                //使用 super 调用超类构造方法
        ……
    }
    void printVal(){
        System.out.println(num);        //访问当前类的 num(39)
        System.out.println(super.num);  //访问超类的 num(26)
    }
}
```

7. 在 Java 中,允许多层继承,即一个子类又可以是其他类的超类,从而可以形成类的多级继承层次结构。在多级继承层次结构中,构造方法的执行顺序是:首先按创建时的顺序,从上往下执行超类的构造方法对继承来的成员变量赋值,然后由子类的构造方法对其本身定义的成员变量赋值。

8. 可以使用 final 关键字声明类、成员变量和方法,根据 final 关键字出现的位置的不同,final 关键字分别具有阻止类的继承、阻止方法的重写和创建常量三种功能。使用 final 声明的类不能具有子类;使用 final 声明的方法不能被子类重写;使用 final 声明变量时,需要同时给变量赋值,此后,不能再更改该值。

9. 多态性(polymorphism)是指类的属性或功能在各个子类中可以具有彼此不同的具体形态。向上转型对象,是指引用子类对象的超类类型变量,例如 A 类是 B 类的超类,则 A a=new B()即创建 a 为 B 对象的向上转型对象。向上转型对象只能访问超类定义了的方法和变量,在运行时实际调用的是子类中的相应成员,如果子类有重写超类的方法或重定义变量,就会表现出不同的行为和状态。实现对象的多态性有编译时多态性和运行时多态性两种途径。编译时多态性也称静态多态性,表现为方法重载和变量的隐藏;运行时多态性也称动态多态性,表现为方法的重写。动态多态性的实现可以通过向上转型对象调用各子类重写的方法,使得程序运行后,各子类对象可以得到彼此不同的功能行为。

10. 使用 instanceof 运算符可以判断对象是否是某个类的实例,常常用在类层次的强制类型转换的情况下。

11. 在 Java 中,所有类都默认继承自 java.lang.Object 类,编程人员创建的任何类都是 Object 类的直接或间接子类。equals()、hashCode()和 toString()这三种方法是 Object 类提供的在其他类中比较常用的方法。equals()方法用于比较两个对象的引用是否相同,可以重写它来检查对象中存储的值。Java 中创建的每一个对象都有一个对应的哈

希代码,这个代码作为对象在内存中的唯一标识,可以使用 hashCode()方法来查找对象的哈希代码。使用 toString()方法可以获取有关对象的文本信息,Object 类中的 toString ()方法的实现给出了由类全限定性名称和@以及对象的十六进制的哈希代码所组成的一串文本信息,可以重写此方法,以按照我们所需的任何形式来获得对象的有关文本信息。

5.3 实验内容与步骤

1. 分析、填充、运行下列程序,并回答相关问题:

```java
public class StudentTest {
    public static void main(String[] args){
        System. out. println("========学生信息=========");
        Student student＝new Student("2009001","Tom",22);
        student. printMsg();
        _____;                //修改学生年龄为 26
        _____;                //修改学生姓名为"Jack"
        student. printMsg();
        System. out. println("========大学生信息======");
        CollegeStudent cstudent＝new CollegeStudent();
        _____;             //设置大学生的姓名为"Jerry"
        _____;             //设置大学生的学号为"2009002"
        _____;             //设置大学生的年龄为 23
        _____;             //设置大学生的专业为"软件开发"
        cstudent. printMsg();
    }
}


class Student{
    private String sname;
    private String sno;
    private int age;
    public Student(){ }                              //定义无参构造器
    public Student(String sno,String sname,int age){  //定义有参构造器
        this. sno＝sno;
        this. sname＝sname;
        this. age＝age;
    }
    public String getSname(){
        return sname;
    }
    public void setSname(String sname){
        this. sname ＝ sname;
    }
}
```

```java
        public String getSno(){
            return sno;
        }
        public void setSno(String sno){
            this.sno = sno;
        }
        public int getAge(){
            return age;
        }
        public void setAge(int age){
            this.age = age;
        }
        public void printMsg(){
            System.out.println("学号："+sno+",姓名："+sname+",年龄："+age);
        }
    }


//定义 CollegeStudent 类的继承 Student 类
_____{
        private String major;
        public String getMajor(){
            return major;
        }
        public void setMajor(String major){
            this.major = major;
        }
        public void printMsg(){
            //输出学号、姓名、年龄和专业
            System.out.println("学号："+_____+",姓名："+_____+",年龄："+_____
            +",专业："+_____);
        }
    }
```

要求：

根据题意及注释补充空白处的代码。

问题：

(1)如何定义子类？程序中有多少个类？哪个是主类？哪个是超类？哪个是子类？

(2)程序中子类继承了超类哪些成员？超类对象如何给成员赋初值？子类对象如何给成员赋初值？

(3)是否可以不定义 Student 类的无参构造器？

2.参照第 1 题，按照下面的描述编写程序。

要求：

(1)根据下面的 UML 图及具体描述定义 Teacher 类及其子类 CollegeTeacher；

①包名都为 teacher_package,对类的各个成员分别定义访问器和设置器;

②Teacher 类的无参构造器的功能是使用"Mark""0615""男""39"分别去初始化 tname、tno、sex 和 age 成员变量;

③使用 printMsg()方法以"工号:×××,姓名:×××,性别:×,年龄:××"的形式输出 Teacher 类的各个成员信息;

④子类 CollegeTeacher 重写超类的 printMsg(),以"工号:×××,姓名:×××,性别:×,年龄:××,部门:×××"的形式输出 CollegeTeacher 类的各个成员信息。

(2)定义测试主类 TeacherTest,该类的具体描述如下:

①所在包名为 test_package。

②在 main()方法中首先使用 Teacher 的有参数构造器创建 Teacher 实例,构造器各参数的值分别为"0932""Jack""29""男",然后调用 Teacher 实例的 printMsg()方法输出对象信息;再使用属性的设置器修改姓名为"John",年龄为"33",再调用 printMsg()方法输出 Teacher 对象的信息;

③在 main()方法中再使用 CollegeTeacher 的无参构造器创建 CollegeTeacher 实例,然后调用部门属性的设置器设置部门为"软件工程系",接着调用 CollegeTeacher 实例的 printMsg()方法输出对象的信息;再使用属性的设置器修改年龄为 33,部门为"外语系",再调用 printMsg()方法输出 CollegeTeacher 对象的文本信息。

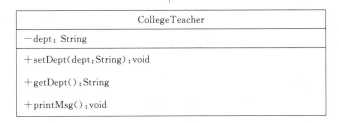

3.阅读、分析下列程序,并回答相关问题。

```java
package mypackage1;
public class Animal {
    private String name;
    int age;
    protected float weight;
    public int legs;
    private void breathe(){
        System.out.println("动物呼吸……");
    }
    protected void eat(){
        System.out.println("不同动物喜好的食物各不相同");
    }
    public void sleep(){
        System.out.println("动物睡觉……");
    }
}


package mypackage2;
import mypackage1.Animal;
public class Cat extends Animal{
    private String sex;
    protected void eat(){
        System.out.println("猫喜欢吃鱼");
    }
    void sleep(){
        System.out.println("猫通常蜷曲着身子睡觉");
    }
    public void f(){}
}


package mypackage1;
public class Mouse extends Animal {
    private String color;
    void breathe(){
        System.out.println("老鼠使用肺呼吸");
    }
    protected void play(){
        System.out.println("几只老鼠正在草坪上玩耍");
    }
    public void g(){}
}
```

```
public class AnimalTest{
    public static void main(String[] args){
        Animal animal=new Animal();
        animal.name="Jack";
        animal.age=3;
        animal.weight=3;
        Cat Jerry=new Cat();
        Jerry.weight=2.5f;
        Jerry.eat();
        Jerry.sleep();
        Jerry.legs=4;
        Jerry.age=1;
        Jerry.f();
        Mouse mouse=new Mouse();
        mouse.age=2;
        mouse.breathe();
        mouse.color="白色";
        mouse.sleep();
    }
}
```

问题：

(1)类的成员变量、成员方法的访问权限有哪四种？所对应的关键字怎样书写？

(2)Animal 类创建的包名是什么？它的成员包含了哪些类型的访问权限？

(3)Cat 类创建的包名是什么？与 Animal 类存在什么关系？Cat 类中定义的方法有哪些？这些方法与 Animal 类中的方法有什么关系？是否存在不正确的方法定义？如果有错误请将错误修正。

(4)Mouse 类创建的包名是什么？与 Animal 类存在什么关系？Mouse 类中定义的方法有哪些？这些方法与 Animal 类中的方法有什么关系？是否存在不正确的方法定义？如果有错误请将错误修正。

(5)AnimalTest 类创建的包名是什么？已知该类中有多处问题，请指出并修正程序中的所有错误。

4.分析、运行以下程序，并回答相关问题。

```
package mypackage;
class Parent {
    private String name;
    public Parent(){
        name="ABC";
    }
}
```

```java
public class Child extends Parent {
    private String department;
    public Child(){}
    public String getValue(){
        return name;
    }
    public static void main(String arg[]){
        Child c = new Child();
    }
}
```

问题：

(1)分析程序，找出有问题的代码，请问出错的原因是什么？

(2)请使用两种方法修改程序中的错误。

5. 分析、填充和运行程序，并回答相关问题。

```java
package mypackage;
public class Room {
    private int length;
    private int width;
    Room(){
        length=12;
        width=6;
    }
    public int getLength(){
        return length;
    }
    public void setLength(int length){
        this.length = length;
    }
    public int getWidth(){
        return width;
    }
    public void setWidth(int width){
        this.width = width;
    }
}


package mypackage;
public class BlackBoard {
    private boolean rotatable;
    private int len;
    private int wid;
```

```
public BlackBoard(){
    rotatable=true;
    len=3;
    wid=2;
}
public boolean isRotatable(){
    return rotatable;
}
public void setRotatable(boolean rotatable){
    this.rotatable = rotatable;
}
public int getLen(){
    return len;
}
public void setLen(int length){
    len = length;
}
public int getWid(){
    return wid;
}
public void setWid(int width){
    wid = width;
}
}


package mypackage;
public class ClassRoom extends Room {
    private BlackBoard bd;
    private String name;
    ClassRoom(){
        bd=new BlackBoard();
        name="A303";
    }
    public String getName(){
        return name;
    }
    public static void main(String[] args){
        ClassRoom cr=new ClassRoom();
        //输出教室名称、长度和宽度
        System.out.println(_____+"教室的长度是:"+_____+",宽度是:"+
            _____);
        //输出黑板长度、宽度以及获取黑板是否可转动的布尔值
```

```
        System. out. println("黑板的长度是:"+_____+",宽度是:"+_____+",
        可转动吗——>"+_____);
    }
}
```

要求：

根据题意和注释将空白处代码补充完整。

问题：

(1)ClassRoom 类与 Room 类和 BlackBoard 类分别是什么关系？请画出它们的 UML 图。

(2)如果不使用无参构造器初始化 BlackBoard 的成员变量，在 ClassRoom 类应如何给它们赋值以达到同样的效果？

6.分析、改正、填充、运行程序，并回答相关问题。

```
package mypackage;
public class SuperTest {
    public static void main(String[] args){
        B b=new B();
        b. g();
        //输出对象 b 的字符串信息
        System. out. println(_____);
    }
}
class A{
    String name;
    int age;
    int n=10;
    int sum=0;
    A(String name,int age){
        this. name=name;
        this. age=age;
    }
    int f(){
        for(int i=1;i<=10;i++){
            sum+=i;
        }
        return sum;
    }
}
class B extends A{
    String position;
    int result=1;
    int n=20;                         //隐藏超类成员变量 n
```

```
    B(String name,int age){
        position="经理";
    }
    //重写 Object 类的 toString()方法,实现将对象信息组成一个字符串,并返回该字符串
    _____{
        return name+",今年"+age+"岁,"+"职务是"+position;
    }
    //重写超类 f()方法
    int f(){
        for(int i=1;i<=10;i++){
            result * =i;
        }
        return result;
    }
    void g(){
        int m=_____;          //调用超类成员变量 n
        int c=_____;          //调用超类 f()方法
        int d=_____;          //调用子类中的已重写过的 f()方法
        System. out. println("变量 n 被隐藏前的值为:"+m+",被隐藏后的值为:"+n);
        System. out. println("f()方法重写前的返回值是:"+c+",重写后的返回值是:"+d);
    }
}
```

要求:

(1)根据题意及注释,将空白处的代码补充完整;

(2)请仔细阅读分析程序,指出程序中的错误,并使用两种方法修正程序中的错误。

问题:

(1)在子类中如何调用超类的构造方法? 调用语句的位置应放在哪里?

(2)重写 Object 类的 toString()方法的目的是什么? 如何输出由 toString()方法所返回的字符串信息?

7. 根据以下要求编写程序。

(1)基类:Circle 类,它封装了:

一个成员变量:

radius	//半径

六个成员方法:

Circle()	//将半径置为 0
Circle(double r)	//创建 Circle 对象时将半径初始化为 r
double getRadius()	//获得圆的半径值
double getPerimeter()	//获得圆的周长
double gerArea()	//获得圆的面积
void disp()	//将圆的半径、周长、面积输出到屏幕

(2)派生类:圆柱体类 Cylinder,它新增了:

一个成员变量:

height   //圆柱体的高,double 型

四个方法成员:

Cylinder(double r,double h)   //创建 Cylinder 对象时将圆半径初始化为 r,圆柱
                                          //高初始化为 h

double getHeight()   //获得圆柱体的高

double getVol()   //获得圆柱体的体积

void dispVol()   //将圆柱体的体积输出到屏幕

8.阅读分析以下程序,并回答相关问题。

```java
package mypackage;
public class ConstructMethodCallTest {
    public static void main(String[] args){
        Dog dog=new Dog();
    }
}


class Animal{
    public Animal(){
        System.out.println("构造动物类对象");
    }
}


class Chordate extends Animal{
    public Chordate(){
        System.out.println("构造脊索动物类对象");
    }
}


class Vertebrate extends Chordate{
    public Vertebrate(){
        System.out.println("构造脊椎动物类对象");
    }
}


class Mammal extends Vertebrate{
    public Mammal(){
        System.out.println("构造哺乳动物类对象");
    }
}
```

```
class Dog extends Mammal{
    public Dog(){
        System.out.println("构造狗类对象");
    }
}
```

要求：

不运行程序,首先思考程序运行后的结果是什么,然后运行程序,检验自己思考的结果是否正确。

问题：

(1)程序中存在多少个类？这些类之间存在什么关系？

(2)在多层结构的继承中,构造器是按怎样的顺序执行的？

9.分析、修正和运行下列程序,并回答相关问题。

程序1：

```
final class X {
    public void g(){
        System.out.println("使用 final 声明 A 类");
    }
}

class Y extends X{
    public void g(){
        System.out.println("创建 X 的子类");
    }
}
```

问题：

(1)分析程序1中代码,指出其中的错误；

(2)如果要实现继承,应如何修改程序？

程序2：

```
class X {
    final int NO=10;                    //声明常量
    public void f(){
        NO=20;
        System.out.println("创建常量");
    }
    public final void g(){
        System.out.println("使用 final 声明 f 方法");
    }
}


class Y extends X{
    public void g(){
```

```
            System.out.println("重写 f 方法");
        }
}
```

要求：分析程序 2 中代码，指出其中的错误。

10.分析、填充、修正和运行下列程序，并回答相关问题。

```
//多态性应用
package mypackage;
class Animal{
    void cry(){
        System.out.println("动物叫……");
    }
}


class Dog1 extends Animal{
    int leg;
    void cry(){
        System.out.println("狗叫:汪,汪,汪……");
    }
    void eat(){
        System.out.println("喜欢啃骨头");
    }
}


public class PolymorphismTest {
    public static void main(String[] args){
        Animal animal=new Animal();         //animal 为 Animal 对象
        animal.cry();
        animal=_____ ;               //创建 Dog 对象的向上转型对象
        _____ ;                      //使用 Dog 对象的向上转型对象调用 Dog
                                            //对象中的 cry()
        animal.leg=4;
        animal.eat();
        Dog dog=_____ ;              //把向上转型对象强制转换为子类的对象
        dog.leg=4;
        dog.eat();
    }
}
```

要求：

(1)根据题意和注释填充程序所缺的代码；

(2)请仔细阅读分析程序，指出并修正程序中的错误；

(3)首先思考程序的运行结果，然后上机验证自己的思考结果。

问题：

(1)多态的含义是什么？什么是向上转型对象？

(2)Java中的多态包括哪几种类型？什么是运行时的多态？它实现的条件是什么？

(3)向上转型对象可以访问哪些成员？

(4)程序中哪些代码体现了多态性？

11.分析、运行以下程序。

```java
package mypackage;
//多态技术的应用
public class ShapeCalculate {
    public static void main(String args[]){
        Shape s=new Shape();
        Circle c=new Circle(10);
        Rect r=new Rect(3,4);
        calc(s);
        calc(c);
        calc(r);
    }
    static void calc(Shape shape){        //通过实参对象调用相应对象中的方法
        System.out.print(shape.getPerimeter());
        System.out.print(","+shape.getArea());
        System.out.println();
    }
}


class Shape {
    public String getArea(){
        return "Shape 的面积:"+0.0;
    }
    public String getPerimeter(){
        return "Shape 的周长:"+0.0;
    }
}


class Circle extends Shape {
    private double radius;
    public Circle(double r){
        radius=r;
    }
    public String getArea(){
        return "Circle 的面积:"+Math.PI * radius * radius;
    }
}
```

```java
        public String getPerimeter(){
            return "Circle 的周长:"+2 * Math. PI * radius;
        }
    }
    class Rect extends Shape {
        private double length;
        private double width;
        public Rect(double l, double w){
            length=l;
            width=w;
        }
        public String getArea(){
            return "Rectangle 的面积:"+length * width;
        }
        public String getPerimeter(){
            return "Rectangle 的周长:"+2 * (length + width);
        }
    }
```

要求:

分析运行程序,进一步理解 Java 的多态性。

12. 分析、运行下列程序,并回答相关问题。

```java
public class InstanceExample {
    public static void main(String[] args){
        Animal animal;
        animal=new Animal();
        if(animal instanceof Animal){
            System. out. println("animal 的类型是 Animal");
        }else{
            System. out. println("animal 的类型不是 Animal");
        }
        animal=new Dog();
        if(animal instanceof Dog){
            System. out. println("animal 的类型可以通过强制类型转换为 Dog:");
            Dog dog=(Dog)animal;
            dog. cry();
        }else{
            System. out. println("animal 的类型不能转换为 Dog");
        }
    }
}
class Animal{
```

```java
        private String name；

        public String getName(){
            return name；
        }

        public void setName(String name){
            this. name ＝ name；
        }
    }
    class Dog extends Animal{
        private int age；
        public void cry(){
            System. out. println("狗叫:汪,汪,汪…")；
        }
    }
```

问题：

(1)子类对象怎样转换成基类对象？是自动进行还是强制进行？

(2)基类对象怎样转换成子类对象？是自动进行还是强制进行？

(3)instanceof 运算符的功能、格式怎样？

13. 分析、填充和运行下列程序，并回答相关问题。

```java
//equals()和 hashCode()方法的应用
package lab5；
public class ObjectMethodTest {
    public static void main(String[] args){
        String s1＝new String("hello")；
        String s2＝s1；
        System. out. println("s1 和 s2 相等吗?"+_____ )；    //判断 s1 和 s2 是否相等
        String s3＝new String("hello")；
        System. out. println("s1 和 s3 相等吗?"+_____ )；    //判断 s1 和 s3 是否相等
        System. out. println("s1 的哈希代码是:"+_____ )；    //获取 s1 的哈希代码
        System. out. println("s2 的哈希代码是:"+_____ )；    //获取 s2 的哈希代码
        System. out. println("s3 的哈希代码是:"+_____ )；    //获取 s3 的哈希代码
        StringBuffer sb1 ＝ new StringBuffer("world")；
        StringBuffer sb2 ＝ sb1；
        System. out. println("sb1 和 sb2 相等吗?"+_____ )；  //判断 sb1 和 sb2 是否相等
        StringBuffer sb3＝new StringBuffer("world")；
        System. out. println("sb1 和 sb3 相等吗?"+_____ )；  //判断 sb1 和 sb3 是否相等
        System. out. println("sb1 的哈希代码是:"+_____ )；   //获取 sb1 的哈希代码
        System. out. println("sb2 的哈希代码是:"+_____ )；   //获取 sb2 的哈希代码
        System. out. println("sb3 的哈希代码是:"+_____ )；   //获取 sb3 的哈希代码
    }
}
```

要求：

(1)根据题意和注释填充程序所缺代码；

(2)运行并分析程序。

问题：

(1)String 对象的相等与 StringBuffer 对象的相等有什么不同？

(2)哈希代码的作用是什么？两个相等的对象的哈希值是否相等？不相等的对象的哈希值是否可以相等？

14. 按以下要求编写程序。

(1)基类：Point（点）类，它封装了：

两个成员变量：

x	//点的横坐标,int 型
y	//点的纵坐标,int 型

七个成员方法：

Point()	//默认构造方法,x 和 y 均取值为 0
Point(int x，int y)	//带参数的构造方法
setX(int x)	//设置点的横坐标
getX()	//获得点的横坐标
setY(int y)	//设置点的纵坐标
getY()	//获得点的纵坐标
toString()	//返回形如"点(10，25)"的信息

(2)派生类：Circle(圆)类，它新增了：

一个成员变量：

radius	//圆的半径,float 型

七个成员方法：

Circle()	//默认构造方法,radius 取值为 0.0f,调用基类默认构造方法
Circle(int x，int y，float r)	//带参数的构造方法,调用基类带参数构造函数
setRadius(int r)	//设置圆的半径
getRadius()	//获得到圆的半径
getArea()	//获得圆的面积
getPerimeter()	//获得圆的周长
toString()	//重写基类的 toString()方法,返回形如
	//"圆点(10，25),半径:5.5,周长:×××,面积:×××"的信息

(3)主类：InheritTest,在它的 main()方法中创建一个圆点位置为(10，25),半径为 5.5 的圆对象 c,然后分别调用基类和派生类的 toString()方法输出点和圆的相应信息。

5.4   实验总结

这一章的实验内容比较丰富,涉及的知识点也多。实验内容按照继承、子类的创建、访问修饰符和继承性、is-a 和 has-a 关系、成员变量的隐藏和方法重写、super 关键字的使用、多层继承的类结构中构造方法的执行顺序、final 关键字的三种用法、向上转型以对象的创建及使用、多态性的应用、instanceof 运算符的使用、Object 类的三个常用方法：equals()、hashCode()和 toString()的使用的顺序来组织。要求理解继承的概念；掌握子类的创建；理解各种访问修饰符的作用、对子类继承性的影响，掌握子类的继承性；熟悉 is-a 和 has-a 的关系和区别，并能正确使用这两种关系；熟悉成员变量的隐藏和方法重写；掌握使用 super 访问被隐藏了的超类成员以及超类构造方法；理解继承的层次结构，熟悉构造方法的执行顺序；掌握使用 final 关键字创建常量、定义终止类和终止方法；理解多态性、子类对象及其向上转型对象之间的关系，并掌握向上转型对象的创建和使用；熟悉并会运用 equals()方法、hashCode()方法和 toString()方法。

实验6

抽象类与接口

6.1 ═ **实验目的**

1. 理解抽象类和接口的作用；
2. 熟悉抽象类和具体类的区别；
3. 掌握抽象类和抽象方法的定义、抽象类的使用和引用；
4. 掌握接口的定义、使用以及引用；
5. 理解接口的继承以及使用接口间接实现类的多重继承。

6.2 ═ **相关知识点**

1. 抽象类主要用来表示一组类的共有属性和行为，不对应客观世界中的任何对象；具体类表示的是某一类对象的共有属性和行为，它们与客观世界的对象是一一对应的。抽象类是不能实例化的类，定义时需要使用 abstract 修饰符声明，抽象类中可以包含抽象方法，也可以包含具体方法。抽象方法是指只有声明而没有实现的方法，在类中声明时需要使用 abstract 修饰符。注意，抽象类不能定义为 final 类。抽象方法的实现必须通过抽象类的子类来实现。对于抽象类的使用问题主要就是对它的继承以及对其中的抽象方法的重写问题。继承抽象类的子类必须全部实现抽象类所定义的抽象方法，否则该子类也必须声明为抽象类。抽象类的定义及继承示例如下：

```
abstract class Animal {
    String name；
    public abstract void eat()；
    public void setName(String name){
        this.name=name；
    }
     ……
}
public class Dog extends Animal{
    public void eat(){
        System.out.println("狗喜欢啃骨头")；
    }
     ……
}
```

　　抽象类的引用来自继承它的子类的实例,即抽象类的引用是一个抽象类子类对象的向上转型对象,通过这个抽象类型的向上转型对象,可以实现对象的多态性。使用抽象类型向上转型对象在运行时将调用子类对象中继承或重写的方法。

　　2.接口实质上就是一个抽象类,但接口只关心功能,并不关心功能的具体实现。所以在接口中的方法只有声明,而没有任何实现。定义接口需要使用关键字 interface。在接口中声明的方法默认是公共的和抽象的。实现接口时必须实现接口中的所有方法。在类实现接口方法时应在方法前添加修饰符 public,并且如果方法为非 void 时,还必须在实现方法中添加 return 语句。在接口中声明的常量默认是公共的、静态的和最终的,声明接口常量的同时必须对常量赋值,常量一旦赋值后就永远不能再修改。一个类通过使用关键字 implements 在声明语句时声明自己使用一个或多个接口。使用多个接口时,各个接口之间要用逗号隔开。一个类如果使用了某个接口,则这个类一般需要实现该接口中的所有方法,如果没有实现接口中的所有方法,则该类必须声明为抽象类。Java 不支持多继承,使用接口就可以间接实现多继承。定义接口及实现接口的示例如下:

```
interface X {
    int NUM=20；
    int f()；
    void g(String str,int n)；
     ……
}
public class Y implements X{
    private String msg；
     ……
    public int f(){
    //……
    }
    public void g(String str,int n){
```

```
        //……
    }
    ……
}
```

接口支持单一继承和多重继承,实现继承接口的类必须实现接口的所有方法,包括继承的接口方法。接口变量也可以引用实现它的类的对象,这样,该接口变量就可以调用被类实现了的接口中的方法,此时其实就是通过相应的对象调用接口方法,因而通过接口引用,也可以实现对象的多态性。

6.3　二　实验内容与步骤

1. 分析、运行下列程序,并回答相关问题。

```java
//应用抽象类引用
abstract class A {          //声明抽象类
    abstract void m1();     //定义抽象方法
}


class B extends A {
    //实现 m1()方法
    void m1(){
        System. out. println("In m1.");
    }
    void m2(){
        System. out. println("In m2.");
    }
}


public class AbstractRef {
    public static void main(String args[]){
    B b=new B();
    A a=b;              //将子类对象 b 赋给抽象类引用
    a. m1();            //使用抽象类引用调用方法
    }
}
```

问题:

(1)声明抽象方法、抽象类的关键字是什么?

(2)抽象方法有无方法体? 能否用 private、static 关键字进行修饰?

(3)在声明类 A 时是否可去掉 class 前面的 abstract?

(4)抽象类能否进行实例化? 可否定义一个抽象类引用?

(5)子类如何继承抽象类?

(6)怎样使用抽象类的引用?

2.分析、运行下列程序。

```
package mypackage;
//抽象类多态的应用示例
abstract class Shape {                              //抽象类
    public abstract String getArea();              //抽象方法
    public abstract String getPerimeter();         //抽象方法
}


class Circle extends Shape {                        //Circle 类继承了 Shape 抽象类
    private double radius;
    public Circle(double r){
        radius=r;
    }
    //实现抽象方法 getArea()
    public String getArea(){
        return "Circle 的面积:"+Math.PI * radius * radius;
    }
    //实现抽象方法 getPerimeter()
    public String getPerimeter(){
        return "Circle 的周长:"+2 * Math.PI * radius;
    }
}


class Rect extends Shape {                          //子类 Rect 类继承了 Shape 抽象类
    private double length;
    private double width;
    public Rect(double l, double w){
        length=l;
        width=w;
    }
    public String getArea(){
        return "Rectangle 的面积:"+length * width;
    }
    public String getPerimeter(){
        return "Rectangle 的周长:"+2 * (length + width);
    }
}


public class Calculate {
    public static void main(String args[]){
```

```
                Circle c=new Circle(10);
                Rect r=new Rect(3,4);
                calc(c);
        calc(r);
        }
        static void calc(Shape s){    //用抽象类的引用作为方法参数
                System.out.print(s.getPerimeter()+",");
                System.out.print(s.getArea());
                System.out.println();
        }
}
```

要求:

分析程序,写出程序运行结果,然后编译运行程序,检验自己的分析结果是否正确。

3. 分析、运行程序,并回答相关问题。

```
package mypackage;
interface Runner {                                  //接口
        public void run();
}
interface Swimmer {                                 //接口
        public void swim();
}
abstract class Animal    {                          //抽象类
        public abstract void eat();
}


//继承 Animal 抽象类,实现 Runner 和 Swimmer 接口
class Person extends Animal implements Runner,Swimmer {
        public void run(){
                System.out.println("我是飞毛腿,跑步速度快极了!");
        }
        public void swim(){
                System.out.println("我游泳技术很好,会蛙泳、自由泳、仰泳、蝶泳…");
        }
        public void eat(){
                System.out.println("我牙好胃好,吃啥都香!");
        }
}


public class InterfaceTest{
        public static void main(String args[]){
                Person p=new Person();
```

```
            p. run();
            p. swim();
            p. eat();
            System. out. println("\n 以下是使用接口变量、抽象类引用调用方法的结果:\n");
            Runner r = p;
            r. run();
            Swimmer s = p;
            s. swim();
            Animal a = p;
            a. eat();
        }
    }
```

问题:

(1)声明接口的关键字是什么?

(2)接口中的方法有无方法体? 如果省略不写,接口的方法、变量分别默认包含哪些关键字?

(3)接口能否实例一个对象? 可否定义一个接口变量?

(4)类是如何实现接口的? 怎样利用接口实现多重继承?

(5)怎样使用接口引用?

4. 分析运行以下程序,并回答相关问题。

```
interface X{
    void m1();
    void m2();
}
interface Y{
    void m3();
}
interface Z extends X, Y{
    void m4();
}

class XYZ implements Z{
    public void m1(){
        System. out. println("实现 m1()方法");
    }
    public void m2(){
        System. out. println("实现 m2()方法");
    }
    public void m3(){
        System. out. println("实现 m3()方法");
    }
```

```java
    public void m4(){
        System.out.println("实现 m4()方法");
    }
    public static void main(String args[]){
        XYZ xyz=new XYZ();
        xyz.m1();
        xyz.m2();
        xyz.m3();
        xyz.m4();
    }
}
```

问题：

(1)上述程序中定义了几个接口？各接口之间存在什么关系？

(2)上述程序有没有问题？如果没有问题可以得出什么结论？

5．分析、填充、运行程序，并回答相关问题。

```java
package mypackage;
public class AppTest {
    public static void main(String[] args){
        C c=new C();
        c.display();
        c.draw();
        System.out.println("\n 以下是使用抽象类引用、接口变量调用方法的结果:\n");
        _____;                //声明抽象类的引用 a,并将 c 赋给 a
        a.display();                //用抽象类引用调用方法
        _____;                //声明接口变量 b,并将 c 赋给 b
        b.draw();                   //用接口变量调用方法
    }
}
_____ class A {              //声明抽象类 A
    public _____;           //声明抽象方法 void display();
}
_____ B {                   //声明接口 B
    public _____;           //声明接口方法 void draw();
}

class C extends A implements B{    //C 类继承了抽象类 A,实现了接口 B
    public void display(){
        System.out.println("这是抽象类中抽象方法的具体实现");
    }
    public void draw(){
        System.out.println("这是接口中抽象方法的具体实现");
    }
}
```

要求：

(1)根据题意及注释，将空白处的代码补充完整；

(2)运行程序，体会抽象类引用和接口引用的应用，并与实验5中类的多态性进行比较。

6.阅读分析以下程序。

程序1：

```
package mypackage;
public class Abstract Test1 {
    public static void main(String[] a){
        Shape s1＝new Triangle("黑色",3,4,5);
        Shape s2＝new Circle("红色",10);
        System.out.println(s1.getType());
        System.out.println(s1.CalPerimiter());
        System.out.println(s2.getType());
        System.out.println(s2.CalPerimiter());
    }
}


abstract class Shape{
    private String color；
    public abstract double CalPerimiter();
    public abstract String getType();
    public Shape(){}
    public Shape(String color){
        System.out.println("执行Shape的构造方法…");
        this.color＝color；
    }
    public void setColor(String color){
        this.color＝color；
    }
    public String getColor(){
        return color；
    }
}


class Triangle extends Shape{
    private double a；
    private double b；
    private double c；
    public Triangle(String color,double a,double b,double c){
        super(color);
        setSize(a,b,c);
```

```
        }
        public void setSize(double a,double b,double c){
            this. a=a;
            this. b=b;
            this. c=c;
        }
        public double CalPerimiter(){
            return a+b+c;
        }
        public String getType(){
            return "三角形";
        }
    }


class Circle extends Shape{
    private double radius;
    public Circle(String color,double r){
        super(color);
        radius=r;
    }
    public void setRadius(double r){
        radius=r;
    }
    public double CalPerimiter(){
        return 2 * Math. PI+radius;
    }
    public String getType(){
        return getColor()+"圆形";
    }
}
```

要求:

分析程序,写出程序的运行结果,然后编译运行程序,检验自己的分析结果是否正确。

程序 2:

```
package mypackage;
abstract class SpeedMeter{
    public double turnrate;
    public SpeedMeter(){}
    public abstract double getRadius();
    public void setTurnrate(double t){
        turnrate=t;
    }
}
```

```
    public double getSpeed(){
        return turnrate * Math.PI * getRadius() * 2;
    }
}


public class CarSpeedMeter extends SpeedMeter{
    public double getRadius(){
        return 0.3;
    }
    public static void main(String[] aa){
        SpeedMeter cm = new CarSpeedMeter();
        //或 CarSpeedMeter cm = new CarSpeedMeter();
        cm.setTurnrate(20);
        System.out.println(cm.getSpeed());
    }
}
```

要求：

分析程序,写出程序的运行结果,然后编译运行程序,检验自己的分析结果是否正确。

程序3：

```
package mypackage;
interface Salary{
    double BASIS = 2000;
    int position();
    double getSalary(Salary s);
}


class Worker implements Salary{
    public int position(){
        return 1;
    }
    public double getSalary(Salary s){
        return BASIS + s.position() * 1000;
    }
}


class Manager implements Salary{
    public int position(){
        return 10;
    }
    public double getSalary(Salary s){
        return BASIS + s.position() * 1000;
```

```
        }
    }

public class InterfaceTest {
    public static void main(String[] args){
    Salary w=new Worker();
    Salary m=new Manager();
    System.out.println("工人工资:"+w.getSalary(w));
    System.out.println("经理工资:"+m.getSalary(m));
    }
}
```

要求：

分析程序，写出程序的运行结果，然后编译运行程序，检验自己的分析结果是否正确。

7.面向对象的综合应用：按照下面的描述及要求编写程序。

（1）动物特性描述

①狗生活在陆地上（是一种陆生动物），既是哺乳类的也是肉食性的动物。狗和人打招呼通常会"摇摇尾巴"，在被抚摸感到舒服时会"汪汪叫"，而在受到惊吓、情绪烦躁时，会发出"呜呜"声。

②猫也生活在陆地上（是一种陆生动物），既是哺乳类的也是肉食性的动物。猫和人打招呼通常会发出"喵～"的声音，在被抚摸情绪很好时，会发出"咕噜咕噜"声，而在受到惊吓时，会发出"嘶嘶"声。

③青蛙是两栖动物，既是水生动物也是陆生动物，既不是哺乳类的也不是肉食性的，属于卵生。当青蛙情绪好的时候，会在岸边"呱呱呱"地唱歌，而在受到惊吓时，会"扑通一声跳入水中"。

（2）问题分析

①首先需要抽取问题描述中的对象；

②分析每个对象所具有的特征；

③分析每个对象所发出的动作；

④从这些对象的特征中，抽取类的属性和方法；

⑤分析类之间的关系，使用 UML 图画出类结构图。

（3）抽象类和对象的基本方法

①抽取对象的基本方法：找出句子中所使用的名词。

例如：在句子"小猫喵喵叫"中，我们能够确定一个对象：猫。

②确定对象发出的行为动作的基本的方法：找出句子中的动词。

例如："汪汪叫""喵喵叫"都属于对象发出的动作。

③确定对象的属性或者特征的基本方法：找出句子中的形容词。

例如："哺乳性的""肉食性的""卵生的"等。

④"是"的关系一般抽象为继承。

例如：狗是一种动物，意味着"狗"类继承自"动物"类。

⑤"有"的关系一般抽象为类的属性。

例如：动物都有情绪，意味着"情绪"是"动物"类的一个属性。

按上述方法分析，可得到各个类和接口具有的属性和方法以及类和接口之间的关系，如图 6-1 所示。

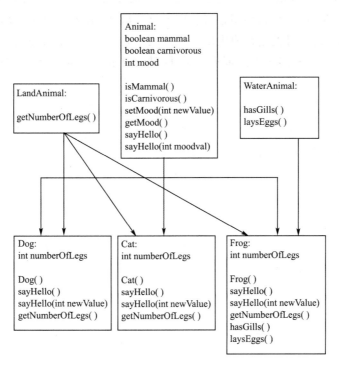

图 6-1　动物特性关系

根据上述描述，按照下面的要求编写程序。

(1)不考虑情绪影响时动物打招呼的方式：

①编写 Animal 类，没有 mood 属性，只有一个 SayHello 方法；

②编写 Dog 类、Cat 类和 Frog 类，都继承自 Animal 类，实现与 Animal 类不同的功能；

③编写 main 方法，分别实例化以上三个类的三个对象，测试类方法实现的正确性。

(提示：将 Animal 类定义为抽象类，将 SayHello 方法定义为抽象方法。)

(2)考虑情绪影响动物打招呼的方式：

①扩充 Animal 类、Dog 类、Cat 类和 Frog 类，增加 Animal 类的 mood 属性，并实现 SayHello 方法的多态性；

②扩充 main 方法。

(3)考虑陆生动物和水生动物：

①定义 LandAnimal 接口和 WaterAnimal 接口；

②扩充 Dog 类、Cat 类和 Frog 类，使其实现相应的接口；

③扩充 main 方法。

8.请编写一个使用内置注解和自定义注解的程序，理解注解的使用方式。

6.4 实验总结

　　这一章的实验涉及的知识点主要有：抽象类和抽象方法的定义、抽象类的使用及引用、接口的定义、接口的使用、使用接口实现多重继承、使用接口引用。要求能熟练地定义及使用抽象类，并能通过使用抽象类的引用实现运行时多态；能熟练地定义和使用接口，并能通过使用接口间接实现类的多重继承，同时能通过使用接口引用实现运行时多态。

实验7

异常处理

7.1 实验目的

1.能够理解异常处理的概念,明白异常处理的必要性以及所带来的好处;

2.熟悉异常类型,了解 Java 中常用的异常类;

3.掌握如何使用 try…catch 代码块处理异常;

4.掌握如何在方法中声明及抛出异常;

5.掌握如何创建自己的异常类。

7.2 相关知识点

1.异常(Exception)是程序在执行过程中发生的事件,它会中断程序指令的正常流程。按异常在编译时是否被检测来分,可以分为两大类:受检异常和非受检异常。受检异常是指程序在编译时就能被 Java 编译器所检测到的异常。而非受检异常则不能在编译时检测到。非受检异常包括运行时异常(Runtime Exception)和错误(Error)。

2.常用的异常类的说明见表 7-1:

常用的 Java 异常类	说　明
Exception	异常层次结构的根类
RuntimeException	运行时异常。其子类都无须在 throws 子句中进行声明
ArithmeticException	算术错误异常,如以零做除数的情形
IllegalArgumentException	方法接收到非法参数
ArrayIndexOutOfBoundException	数组大小小于或大于实际的数组大小
NullPointerException	尝试访问 null 对象成员
ClassNotFoundException	不能加载所需的类
NumberFormatException	数字转化格式异常,比如 String 到 float
IOException	I/O 异常的根类
FileNotFoundException	找不到文件
EOFException	文件结束
InterruptedException	线程中断

表 7-1　　　　　　　　　　　　常用的异常类的说明

3. 异常处理基本过程是用 try 语句块监视有可能会出现异常的语句,如果在 try 语句块内出现异常,则在 catch 语句块中可以捕获到这个异常并做处理。catch 语句可以有多个,用来匹配多个异常,如果出现异常并且匹配上其中一个后,执行 catch 语句块时,仅执行匹配上异常的那个 catch 语句块。

4. 通过关键字 throws 声明异常。如果方法可能抛出多个异常,可以在 throws 后面添加异常列表,用逗号隔开。

5. 通过关键字 throw 抛出异常的对象。要注意的是:方法只能抛出方法声明中的异常,或者 Error、RuntimeException 异常类或者两者的子类,即使没有声明它。

6. 在 Java 语言中,用 try…catch 语句来捕获异常。格式如下:

```
try{
      可能会出现异常情况的代码;
}catch(Exception1 ex){
      处理出现的 Exception1 异常;
}
catch(Exception2 ex){
      处理出现的 Exception2 异常;
}
```

7. 使用多重 catch 语句时,异常子类一定要位于异常父类之前,否则子类的异常永远无法捕获到。

8. 使用嵌套 try 块时,当内层 try 块发生异常,如果在内层 catch 语句未捕获到,那么一直搜索匹配的 catch 语句(包括外层 catch 语句)直到匹配成功。

9. 在重新抛出异常中,程序执行到 throw 语句时立即中止,不再执行它后面的语句;在包含 throw 语句的 try 块后面寻找与其相匹配的 catch 子句来捕获抛出的异常;如果找不到,则向上一层程序抛出直到由 JVM 来处理。

10. finally 子句中的语句不管异常是否被抛出都要执行。如果程序中 try 块没有抛出异常,那么 catch 块就会被跳过,而 finally 子句会被执行;相反,如果在 try 块中有异常抛出了,那么会执行合适的 catch 块,然后执行 finally 子句。即使在 try 或 catch 块中执行了 return 语句,finally 子句也是要执行的。

11. 在自定义异常时,自定义异常需要继承 Exception 及其子类;若要抛出自定义的异常对象,则使用 throw 关键字;要想抛出用户自定义异常,一定要将所调用的方法定义为可抛出异常的方法。

7.3 实验内容与步骤

1. 编译、运行以下 A. java 程序,并回答相关问题。

```java
public class A{
public static void main(String [] args){
    int array[]={10,20,30};
    int i;
    for (i=0; i<=3;i++)
        System. out. println(array[i]);
    System. out. println("程序运行完毕!");
    }
}
```

问题:

(1)该程序能否编译通过?

(2)该程序能否正常结束? 为什么?

下面程序 A2. java 是 A. java 的改进版本,它增加了 try…catch 语句来处理异常,编译、运行该程序,并回答相关问题。

```java
//A. java 的改进版本
public class A2{
    public static void main(String [] args){
        int array[]={10,20,30};
        int i;
        try{
            for (i=0; i<=3;i++)
                System. out. println(array[i]);
        }catch (ArrayIndexOutOfBoundsException e){
            System. out. println("异常简要说明:"+e. toString());
            System. out. println("异常详细说明:"+e. getMessage());
            System. out. println("发生异常位置:");
            e. printStackTrace();
        }
        System. out. println("程序运行完毕!");
        }
}
```

问题：

(1)改进后的程序能否正常结束？

(2)try…catch 语句的基本格式怎样？

(3)对照 A.java 程序的运行，请问引入异常处理机制后会给程序的运行带来哪些方面的改进？

2. 根据 catch 语句块中处理异常所输出的信息提示，请在下面程序(1)、(2)、(3)处填入适当的代码。

```java
public class lab7_2 {
    public static void main(String args[]){
        try{
            int x=68;
            int y=Integer. parseInt(args[0]);
            int z=x/y;
            System. out. println("x/y 的值是"+z);
        }catch(_____(1)_____){
            System. out. println("缺少命令行参数。"+e);
        }catch(_____(2)_____){
            System. out. println("参数类型不正确。"+e);
        }catch(_____(3)_____){
            System. out. println("算术运算错误。"+e);
        }finally{
            System. out. println("程序执行完!");
        }
    }
}
```

提示：

(1)ArithmeticException：除数为 0 时的算术异常。

(2)NullPointerException：没有给对象分配内存空间，而又去访问对象的空指针异常。

(3)FileNotFoundException：找不到文件的异常。

(4)ArrayIndexOutOfBoundsException：数组元素下标越界异常。

(5)NumberFormatException：数据格式不正确异常。

3. 下面是一个自定义异常类调用的程序，请根据程序上下文填充所缺内容。

```java
//自定义异常类 MotorException,它继承了 Exception 类
class MotorException extends _____(1)_____ {
    public MotorException(){super();}
    public MotorException(String s){super(s);}
}

class Car{
```

```
        private float speed= 0;
        private float MAX_V = 300;
        //说明调用该方法可能抛出 MotorException 异常
        public void accelerate(float inc)_____(2)_____ {
            if(speed+inc > MAX_V){
                //抛出 MotorException 异常实例,提示"发动机将被毁坏!"
                _____(3)_____ ;
            }else{
                speed+=inc;
            }
        }
    }


    public class lab7_3 {
        public static Car car;
        public static void main(String args[]){
            car= new Car();
            _____(4)_____ {       //可能引发异常的块
                for(;;)
                    car.accelerate(0.5f);
            }_____(5)_____ (MotorException me){   //捕获、处理异常
                System.out.println("Mechanical problem:"+me);
            }
        }
    }
```

4. 根据要求,编写程序。

从命令行中输入一个参数,调用 java.lang.Math 类中的 sqrt()方法计算该数的平方根,对其中可能引发的异常进行处理。

有用提示:

(1)当未输入命令行参数时,引发 ArrayIndexOutOfBoundsException 异常。

(2)当输入的命令行参数格式不正确时,引发 NumberFormatException 异常。

(3)数据小于 0 时,计算的平方根结果为 NaN,此处不会引发异常,可用 if 语句进行判断,并调用 System.exit(0)退出。

5. 模拟银行 ATM 完成以下功能:

(1)查询余额   (2)取款   (3)存款   (4)退出

在控制台上模拟上述菜单,要求系统能根据用户所选择的数字运行相应的功能。如果所选数字不是以上 1～4 的数字,则通知用户重新输入。当用户取款的金额超出账户余额时抛出自定义异常,通知用户金额不足。当用户选择 4 时整个系统退出。

运行效果如下所示:

①显示余额 ②取款 ③存款 ④退出

Press No. :1

账户余额为:1000.0

①显示余额 ②取款 ③存款 ④退出

Press No. :2

请输入取款金额:100

①显示余额 ②取款 ③存款 ④退出

Press No. :1

账户余额为:900.0

①显示余额 ②取款 ③存款 ④退出

Press No. :2

请输入取款金额:1200

余额不足

①显示余额 ②取款 ③存款 ④退出

Press No. :4

系统退出!

请认真阅读下面的代码并回答如下问题:

(1)自定义异常类 BankException 继承了什么类?能不能换成其他的类?为什么?

(2)类 Bank 的 menu()方法的功能是什么?menu()方法里调用了哪些方法?

(3)在取款方法 deposit()里声明了哪些异常?当余额不足时,又重新抛出了哪个异常?

```java
//主程序
public class MyException {
    public static void main(String[] args){
        Bank my = new Bank(1000.0);
        // 菜单
        while (true){
            Bank. menu(my);
        }
    }
}

//定义自定义异常类。抛出该异常条件:余额不足
class BankException extends Exception {
    void disp(){
        System. out. println("余额不足");
    }
}

class Bank {
    double account;// 余额

    Bank(double dl){
```

```
        account = dl；
    }


    static void menu(Bank obj){
        System. out. println("①显示余额   ②取款   ③存款   ④退出")；
        System. out. print("Press No. :")；
        switch (getChoice()){
        case 1：
            obj. disp();// 余额显示
            break；
        case 2：
            try {
                obj. deposit();// 取款
            } catch (BankException e){
                e. disp()；
            } catch (IOException e){
                e. printStackTrace()；
            }
            break；
        case 3：
            obj. saving();// 存款
            break；
        case 4：
            System. out. println("系统退出!")；
            System. exit(0)；
        default：
            System. out. println("重新选择!")；
        }
    }


    static int getChoice(){// 选择功能数字
        int choice = 0；
        try {
            BufferedReader br = new BufferedReader(new InputStreamReader
                (System. in))；
            choice = Integer. parseInt(br. readLine())；
        } catch (IOException e){
            e. printStackTrace()；
        }
        return choice；
    }
```

```java
// 存款
void saving(){
    double trans_account;
    // 输入存款金额
    System.out.print("请输入存款金额:");
    try {
        BufferedReader br = new BufferedReader(new InputStreamReader
            (System.in));
        trans_account = Double.parseDouble(br.readLine());
        account += trans_account;
    } catch (IOException e){
        e.printStackTrace();
    }
}


// 取款
void deposit() throws BankException, IOException {
    double trans_account;
    System.out.print("请输入取款金额:");
    try {
        BufferedReader br = new BufferedReader(new InputStreamReader(System.in));
        trans_account = Double.parseDouble(br.readLine());
        // 判断余额
        if (account > trans_account){
            account -= trans_account;
        } else
            throw new BankException();// 抛出异常
    } catch (IOException e){
        e.printStackTrace();
    }
}


// 打印余额
void disp(){
    System.out.println("账户余额为:" + account);
}
}
```

7.4 实验总结

这一章的实验内容主要涉及 Java 异常处理的相关知识点。实验内容是按照从异常处理的概念，到异常类型，异常声明，再到异常处理，最后到创建自己的异常类的顺序来组织的。一般的异常处理流程由 try、catch、finally 三个代码块组成。try 代码块包含了可能发生异常的程序；catch 代码块用来捕获并处理异常。finally 代码块主要用于释放被占用的相关资源。Throw 用于抛出异常或重新抛出异常。Throws 用于声明异常。如果方法可能抛出多个异常可以在 throws 后面添加异常列表，用逗号隔开。Java 允许编程人员创建异常类，以处理 Java 的异常类未包含的异常或处理它们本身的异常。

实验8

Java泛型与Java集合

8.1 实验目的

1. 理解 Java 泛型的基本概念；
2. 掌握 Java 泛型的定义与使用；
3. 了解 Java 集合框架的基本组成；
4. 掌握 Java 集合框架中主要接口、集合类的使用。

8.2 相关知识点

1. 泛型(Generic type 或 Generics)是对 Java 语言的类型系统的一种扩展,以支持创建可以按类型进行参数化的类。可以把类型参数看作是使用参数化类型时指定类型的一个占位符。这种参数类型可以用在类、接口和方法的创建中,分别称为泛型类、泛型接口和泛型方法。泛型的类型参数只能是类类型(包括自定义类),不能是简单类型。

2. 泛型定义的基本格式：

```
class 类名<T> {
……//定义属性与方法
}
```

其中,参数 T 放到尖括号中,其功能类似于方法的形参。在实例该类时要为参数 T 传入实参,T 的实参只能是类类型,而不能是简单类型(Java 基本类型)。

3.Java 泛型类型通配符为?,? 可以匹配任何类型。但通配符? 除 null 外,无法引用任何类型的实例。如:

Foo<? > f1=new Foo<Integer>();

f1.setInfo(null);   //正确

f1.setInfo(new Integer(100));   //错误

受限制的泛型通配符可以设置通配符的上限和下限,使用 extends 关键字可以设置泛型通配符的上限,形式如<? extends A>,? 只能用 A 类及其子类作为泛型参数。可以使用 super 关键字设置泛型通配符的下限,形式如<? super A>,? 只能用 A 类及其父类作为泛型参数。

4.泛型方法的定义格式:

访问权限修饰符 <T,S,…> 返回类型 方法名(形参列表)

{……}

5.在没有泛型之前,一旦把一个对象"丢进"Java 集合中,集合就会忘记对象的类型。把所有元素都当成 Object 类型处理。当程序从集合中取出元素后,需要进行强制类型转换,这种转换使得程序代码变得臃肿,转换不当还会引发 ClassCastException 异常。Java SE 5.0 改写了 Java 集合框架中全部接口和类,增加了泛型支持。Java 集合框架示意图如图 8-1 所示。

6.集合框架

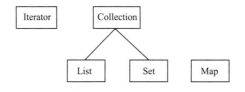

图 8-1 Java 集合框架示意图

(1)Set(集):集合中的对象无排列顺序,并且没有重复的对象。它的有些实现类能将集合中的对象按照特定的方式进行排序。

(2)List(队列):集合中的对象按照索引的顺序排列,可以有重复的对象。List 与数组有些相似。

(3)Map(映射):集合中的每一个元素都是两个对象的组合,包括一个 key 对象和一个 value 对象(一个 key 指向一个 value)。集合中没有重复的 key 对象,但是可以有重复的 value 对象。

(4)Iterator 接口:封装了底层的数据结构,向用户提供统一遍历集合的方法。

8.3 实验内容与步骤

1.分析运行程序 Foo1 与 Foo2,并回答相关问题:

```
public class Foo1 {          //Java 普通类 Foo1
    private String information;
```

```java
    public Foo1(){
    }

    public Foo1(String info){
        this.information = info;
    }

    public void setInfo(String info){
        this.information = info;
    }

    public String getInfo(){
        return this.information;
    }

    public static void main(String[] args){
        Foo1 f1 = new Foo1("Apple");
      System.out.println(f1.getInfo());
    }
}
//Java 泛型类 Foo2
class Foo2<T> {
    private T information;

    public Foo2(){
    }

    public Foo2(T info){
        this.information = info;
    }

    public void setInfo(T info){
        this.information = info;
    }

    public T getInfo(){
        return this.information;
    }

    public static void main(String[] args){
        Foo2<String> f1 = new Foo2<String>("Apple");
        System.out.println(f1.getInfo());
```

```
Foo2<Integer> f2 = new Foo2<Integer>(new Integer(100));
System.out.println(f2.getInfo());
Foo2<Double> f3 = new Foo2<Double>(new Double(22.58));
System.out.println(f3.getInfo());
        }
}
```

问题：

(1)把 Foo2 尖括号中的 T 全部换成 A,程序能否正常运行?

(2)能否把 main()中：

Foo2<String> f1 = new Foo2<String>("Apple");

①改写成：

Foo2<?> f1 = new Foo2<String>("Apple");

②改写成：

Foo2<?> f1 = new Foo2<String>();

f1.setInfo(new String("Apple"));

2.分析运行下列程序,并回答相关问题。

```
import java.util.Date;

interface IFoo {
    public <T> T view(T str);
}

class Bar implements IFoo {
    public <T> T view(T s){
        System.out.println(s);
        return s;
    }
}

public class Test_3 {
    public static void main(String[] args){
        Bar b = new Bar();
        b.view("Hello world!");
        b.view(new Integer(100));
        b.view(new Double(200.55));
        b.view(new Date().toString());
    }
}
```

问题：

语句 System.out.println(b.view(new Integer(100)));的运行结果是什么?

3. 分析运行下列程序,并回答相关问题。

```java
import java. util. * ;

class myColection {
    public static void main(String[] ss){
        Set hs = new HashSet<String>();
        hs. add("Hello");
        hs. add("World");
        hs. add("世界");
        hs. add("你好");
        System. out. println(hs);
        Iterator it = hs. iterator();
        while (it. hasNext()){
            System. out. println(it. next());
        }
        ArrayList al = new ArrayList();
        al. add("Hello");
        al. add("World");
        al. add("世界,你好!");
        System. out. println(al);
        Iterator it2 = al. iterator();
        while (it2. hasNext()){
            System. out. println(it2. next());
        }
        Map hm = new HashMap();
        hm. put(1, "Hello");
        hm. put(5, "World");
        hm. put(3, "世界,你好!");
        System. out. println(hm);
        System. out. println(hm. get(5));
    }
}
```

要求:

(1)请写出该程序运行的一种可能结果;

(2)比较 Set、List、Map 集合对象的特点。

4. 下列程序是关于 Java 泛型 和 Java 集合的综合实例,请阅读问题描述,并按要求填充程序。

问题描述:下面的程序实现的是公共聊天室。程序架构为一个服务器端和多个客户端,服务器和每个客户端建立连接,然后接收客户端发送的消息,再转发给每个客户端。因此在服务器端同时有多个 Socket 实例对应每个客户端。使用 Java 集合泛型类 Array-List<T>对象存放每个客户端的 Socket,每当有客户端连接就把生成的 Socket 对象放进 ArrayList 对象中,当连接到服务器端中的客户端中有客户端发送消息,服务器就遍历 Arraylist 对象的成员,向对应的客户端的 Socket 转发消息。这样就构成一个群聊的聊天软件。请按照上面的编程思路,编写一个群聊的聊天软件服务器。

(1)MyServer. java 是聊天室服务器端程序。请在(1)~(3)区域内补充合适代码,使程序能正常运行。其运行效果如图 8-2 所示。

```
javac MyServer.java
java MyServer
```

图 8-2　服务器端程序的编译与运行

```
import java.net. * ;
import java.io. * ;
import java.util. * ;
public class MyServer {
//创建一个 ArrayList<T> 对象 socketList,存放每个客户端的 Socket
    ____(1)____
    public static void main(String[] args)throws IOException {
        ServerSocket ss = new ServerSocket(30000);
        while (true){
            Socket s = ss.accept();//监听客户端的请求
            ____(2)____ ;//把 s 存放 socketList 集合中
            //启动线程,调用 ServerThread 类的 run()方法
            new Thread(new ServerThread(s)).start();
        }
    }
}


class ServerThread implements Runnable {
    Socket s = null;
    DataInputStream dataIn = null;
    public ServerThread(Socket s)throws IOException {
        this.s = s;
        //与客户端建立输入流
        dataIn = new DataInputStream(s.getInputStream());
    }

    public void run(){
        try {
            String content = null;
            while ((content = readFromClient())! = null){
                //把服务器端获取的数据循环发给所有的客户端
                for (____(3)____){
```

```
                    //与客户端建立输出流
                    DataOutputStream ps = new DataOutputStream(s
                        .getOutputStream());
                    ps.writeUTF(content);//把 content 内容写到输出流
                    ps.flush();
                }
            }
        } catch (IOException e){

        }
    }


    private String readFromClient(){
        try {
            return dataIn.readUTF();//从客户端读取数据,并返回
        } catch (IOException e){
            myServer.socketList.remove(s);
        }
        return null;
    }
}
```

(2)Chat2.java 是聊天室客户端程序。其运行效果如图 8-3、图 8-4 所示。

图 8-3   公共聊天室中的一个客户端窗口图

图 8-4   公共聊天室中的另一个客户端窗口图

```
import java.awt. * ;
import java.awt.event. * ;
import java.io. * ;
import java.net. * ;
```

```java
public class Chat2 {
    public static void main(String[] args){
        new Chatframe2("ChatroomClient");
    }
}


class Chatframe2 extends Frame {
    Socket s = null;
    DataInputStream dataIn = null;
    DataOutputStream dataout = null;
    Panel p1, p2;
    Button bs, bl, bx;
    TextArea t1;
    Label l1, l2;
    TextField t2, t3;
    Chatframe2(String ss){
        super(ss);
        p1 = new Panel();
        p2 = new Panel();
        t1 = new TextArea(12, 75);
        l1 = new Label("消息:");
        l2 = new Label("昵称:");
        t2 = new TextField("那你就去吧", 36);
        t3 = new TextField("八戒", 6);
        bs = new Button("  发送  ");
        bl = new Button("  连接  ");
        bl.addActionListener(new ActionListener(){
            public void actionPerformed(ActionEvent e){
                try {
                    s = new Socket("localhost", 30000);//与服务器连接
                    //在连接上获得输入流
                    dataIn = new DataInputStream(s.getInputStream());
                    //在连接上获得输出流
                    dataOut = new DataOutputStream(s.getOutputStream());
                } catch (IOException gg){
                }
                dp gg = new dp();
                Thread yy = new Thread(gg);
                yy.start();//启动线程
            }
        });
        bs.addActionListener(new ActionListener(){
```

```java
        public void actionPerformed(ActionEvent e){
            try {//把信息写到输出流(服务器)
                dataout. writeUTF(t3. getText()+ ":" + t2. getText());
            } catch (IOException e1){
            }
        }
    });
    addWindowListener(new WindowAdapter(){
        public void windowClosing(WindowEvent ee){
            System. exit(0);
        }
    });
    setLayout(new FlowLayout());
    p1. setLayout(new BorderLayout());
    p1. add(t1);
    add(p1);
    p2. setLayout(new FlowLayout());
    p2. add(bl);
    p2. add(l2);
    p2. add(t3);
    p2. add(l1);
    p2. add(t2);
    p2. add(bs);
    add(p2);
    setBounds(100, 100, 600, 280);
    setVisible(true);
    }

    class Dp implements Runnable {

        public void run(){
            while (true){
                try {
                    //获取输入流中的信息并添加到 t1 对象中
                    t1. append(dataIn. readUTF()+ "\n");
                } catch (IOException gg){

                }
            }
        }
    }
```

8.4　　实验总结

　　本章实验主要围绕 Java 泛型与 Java 集合元素进行训练。首先，读者必须对 Java 泛型和 Java 集合框架有一个清晰的认识，Java 泛型主要应用于 Java 集合框架。通过本章实验，主要掌握 Java 泛型的定义与使用、泛型通配符的使用以及泛型方法的定义与使用。Java 集合框架中主要接口和实现类的使用。最后通过完善一个实用的公共聊天室程序，掌握泛型与集合在程序中的实际运用。

实验9

文件与输入输出流

9.1　实验目的

1. 能够使用 File 类表示文件或目录,获取相关信息,进行文件目录操作;
2. 掌握字节流的读写操作,了解其优点及不足;
3. 能够使用 FileInputStream 和 FileOutputStream 类创建文件字节流,进行读写操作;
4. 理解"逐层包装"思想,能够使用"数据流"(DataInputStream 和 DataOutputStream)包装字节流,方便各类数据的读写,能够使用"缓冲字节流"(BufferedInputStream 和 BufferedOutputStream)包装字节流,提高数据的读写效率;
5. 熟悉字符流的适用范围,掌握其读写操作方法;
6. 能够使用 FileReader、FileWriter 创建文件字符流,能够使用 InputStreamReader、OutputStreamWriter 实现字节流与字符流的转换;
7. 能够使用 BufferedReader、BufferedWriter 包装字符流,方便读写,提高效率;
8. 熟悉 PrintWriter 类的功能、基本用法;
9. 理解对象序列化/反序列化的含义,熟悉对象序列化/反序列化操作的流程;
10. 熟悉 RandomAccessFile 类的功能,掌握文件读写的方法;
11. 能够利用第三方组件读写 Excel 文档内容。

9.2 相关知识点

1. File 类的构造方法有:File(String pathname)、File(String parent, String child)等,常用方法有:getName()、getAbsolutePath()、exists()、isDirectory()、isFile()、length()、list()、createNewFile()、mkdir()、renameTo(File dest)、delete()等,File 对象通过调用这些方法,可获取文件、目录的有关信息,进行相关操作;利用递归方法还可以进一步操作子目录。

2. 字节流操作的基本单位是字节,如果从内存(应用程序)的角度以数据流动的方向来划分,可分成字节输入流、字节输出流两大类,通常从文件、网络读取内容应定义为输入流,保存内容、向网络发送数据应定义为输出流。从类名称不难判断其所属的类型,XxxxInputStream 是字节输入流,XxxxOutputStream 是字节输出流,其中:Xxxx 是子类名前缀。输入流只能进行"读"操作,输出流只能进行"写"操作。

3. 字节流的读操作有三个基本方法:int read()、int read(byte[] b)、int read(byte[] b, int off, int len),第一个方法是"逐字节"方式读取数据,返回值是读取的字节内容,后两个方法是以"字节数组"方式读取数据,即将读取内容存放到字节数组中,返回值是读取的字节个数。三者都是以返回−1来作为读取结束的标志,使用循环语句读取内容时通常用它作为循环结束的条件。写操作也有三个基本方法:void write(int b)、void write(byte[] b)、void write(byte[] b, int off, int len),第一个方法一次写入一个字节,后两个方法一次写入多个字节(字节数组或字节数组前一部分内容),它们均无返回值。如果写入的是字符串,则需要先调用 getBytes()等方法将字符串编译成字节数组,再调用第三个方法来写入。

4. FileInputStream 和 FileOutputStream 都是文件字节流,它们分别实现文件读、写功能,相关方法前面已经说明。通常读取文件内容是以如下方式进行的:

```
//"逐字节"方式读取文件内容
FileInputStream fis＝new FileInputStream("myfile. txt");
try {
    int i ＝ fis. read();
    while (i ! ＝ −1) {
        ……
        i ＝ fis. read();
    }
} catch (IOException e) {
        ……
}finally{
    fis. close();
}
//"字节数组"方式读取文件内容
FileInputStream fis＝new FileInputStream("myfile. txt");
try {
```

```
        byte[] b = new byte[1024];
        int i=fis. read(b);
        while (i ! = -1) {
            ……
            i =fis. read(b);
        }
    } catch (IOException e) {
    ……
    } finally {
        fis. close();
    }
```

由于字节流的操作单位是字节,读写字符串时要进行转换:读取时,应将读取得到的字节数组用 String 构造方法转换成字符串后再输出;写入时,先调用 getBytes()等方法将字符串转换成字节数组,再写入。操作 int、double 等数据类型也存在着诸多不便,这些问题可以借助于"过滤流"来解决。

5. "过滤流"体现了"逐层包装"思想,在一个字节流的基础上创建另一个字节流,包装的目的是:方便各类数据的读写,提高数据的读写效率。"数据流"(DataInputStream、DataOutputStream)和"缓冲字节流"(BufferedInputStream、BufferedOutputStream)就是这方面的典型代表,"数据流"分别实现了 DataInput、DataOutput 接口,除了基本的 read()、write()方法外,还提供了形如 readXxx()、writeXxx()的多种方法,能够对基本数据类型和字符串进行读写操作;"缓冲字节流"由于使用缓冲区,可以大大加快读写速度,提高存取效率。

6. 字符流以字符为数据操作单位,适用于字符串、文本的操作;字符串也提供几种读、写的基本方法,可以读写字符、字符数组数据,还可以直接写入字符串内容。字符流也可以分为输入流、输出流,对应的类是 XxxxReader、XxxxWriter,其中,Xxxx 是子类名前缀。重点掌握三组子类的用法:InputStreamReader/OutputStreamWriter 实现字节流/字符流的转换,例如:System. in 代表标准输入,是 PrintStream 实例,为字节流,可利用InputStreamReader 类包装成字符流;BufferedReader/BufferedWriter 以行为读写单位,提高文本读写效率;FileReader/FileWriter 以字符流方式直接操作文件。

7. 读写文件时通常都要包装成 BufferedReader/BufferedWriter 来进行,BufferedReader类提供了 readLine()方法,可以整行读取字符,BufferedWriter 提供了 newLine()可根据不同操作系统写入换行符。使用"缓冲字符流"读取文本文件的方式通常如下:

```
//"缓冲字符流"读取文件内容
FileReader fr=new FileReader("myfile. txt");
BufferedReader br=new BufferedReader(fr);
String str=null;
try {
    str=br. readLine();
    while (str ! =null) {//结束标志是 null,而非-1
        ……
```

```
            str = br. readLine();
        }
    } catch (IOException e) {
        ……
    } finally {
        br. close();
        fr. close();
    }
```

8. 从 JDK 5.0 起,PrintWriter 类的功能得到了显著加强,除 write( )、writeXxxx( ) 外,还提供了 print( )、println( )方法来输出各种类型的数据,也不抛出 IOException 异常;特别是能以 File、String、字节流、字符流为参数创建字符输出流,并带有缓冲区,几乎可以实现前面介绍的字节输出流、字符输出流的所有功能;还增加了一些新方法,例如: format(String format,Object…args)实现类似于 C 语言的格式输出。

9. 对象序列化是把对象"整体"存放到文件或网络上,对象反序列化则是从文件或网络"整体"读取对象,对象要具备序列化的功能,所对应的类必须实现 Serializable 接口,该接口是一个空接口,不包含任何方法,又称标记接口。写入、读取对象的类分别是 ObjectOutputStream、ObjectInputStream,分别调用 writeObject(Object obj)、readObject( )方法来实现。

对象序列化步骤如下:

(1)创建一个对象输出流,它可以包装一个其他类型的目标输出流,如文件输出流;

(2)通过对象输出流的 writeObject( )方法写对象。

对象反序列化步骤如下:

(1)创建一个对象输入流,它可以包装一个其他类型的源输入流,如文件输入流;

(2)通过对象输入流的 readObject( )方法读取对象。

作为对象序列化和反序列化的范例参见 9.4 节。

10. RandomAccessFile 类能够随机读写文件,它本身不是输入流、输出流,但具备这两者的功能,既可以读,也可以写。读写方法有多种形式,每一次读写之后,指针都会往后移动;该类还提供了 getFilePointer( )、skipBytes(int n)、seek(long pos)等方法来查看、移动指针位置,操作单位为字节。

11. 工作中,经常会用到 Excel 文档,可以利用第三方组件来读写 Excel 文档内容,JExcel 就是其中一个。要使用 JExcel,首先要下载 jxl. jar,并正确安装;若要进一步熟悉其用法,还要下载、安装 API 文档,并认真阅读。Excel 文档操作的基本元素是"工作簿""工作表""单元格",请注意:读取操作与写入操作所用到的类、接口有很大差异,要加以区分。

9.3 实验内容与步骤

1. 现有 FileTest. java 文件,其内容如下:

//程序功能:显示文件或目录的信息

```
import ____(1)____ ;//导入 java. io 包中的所有类

public class FileTest {
    public static void main(String args[]){
        File file = new ____(2)____ (args[0]);// 用命令行第一个参数作为文件或目录名
        if (file. ____(3)____ ){// 如果是文件,则显示其有关信息
            System. out. println("绝对路径:" + file. ____(4)____ );
            System. out. println("文件长度:" + file. ____(5)____ + "字节");
        } else {// 若为目录,则列出该目录下的所有文件或子目录名
            System. out. println("目录:" + file + ",该目录下的文件或子目录有:");
            String lists[] = file. ____(6)____ ;// 返回指定目录的所有文件或目录
            for (int i = 0; i < lists. ____(7)____ ;i++){
                System. out. println("\t" + lists[i]);
            }
        }
    }
}
```

要求:

(1)根据题意和注释填充程序所缺代码;

(2)程序的运行需要用到一个命令行参数,请分别用一个文件、目录为参数运行程序,看一下结果有什么不同。

2. 在上一题的基础上,修改程序,使之具备输出指定目录下所有子目录包含文件的绝对路径、大小的功能,输出结果如下所示:

子目录:C:\jdk1. 6. 0\sample

子目录:C:\jdk1. 6. 0\sample\webservices

子目录:C:\jdk1. 6. 0\sample\webservices\EbayServer

文件:C:\jdk1. 6. 0\sample\webservices\EbayServer\build. properties,大小:512 字节

文件:C:\jdk1. 6. 0\sample\webservices\EbayServer\build. xml,大小:3168 字节

……

(提示:参考教材中的 FileSpace. java 代码,构造一个以"路径名"为参数的静态方法来实现。该方法先判断"路径名"所对应的对象是文件,还是目录? 如果是文件,则输出其绝对路径和大小;若为目录,则先显示它的绝对路径,再列出该目录下的所有子目录和文件信息,通过循环和递归方法处理后续内容。)

3. 文件 FileOutputStreamTest. java 的功能是:利用 FileOutputStream 类向 myfile. txt 文件写入"0"~"9"和字符串"文件和输入输出流"内容,请填充程序所缺代码,并运行程序。然后打开 myfile. txt 文件,查看其内容是否与要求相符?

```
//利用 FileOutputStream 类创建文件,并写入内容
import java. io. * ;

class FileOutputStreamTest {
```

```
public static void main(String args[])throws IOException {
    File f = new File("myfile. txt");
    FileOutputStream outfile = new FileOutputStream(f);
    try {




            System. out. println("文件内容写入完毕!");
    } catch (IOException e){
            System. out. println(e. getMessage());
    } finally {
            outfile. close();// 关闭输出流
    }

    }
}
```

4. 文件 FileInputStreamTest1. java 的功能是:利用 FileInputStream 类以"逐字节"方式读取上一题生成的 myfile. txt 文件内容,并输出。请填充程序所缺代码,并运行程序。

```
//使用 FileInputStream 类对象,以"逐字节"方式去读取、显示文本文件内容
import java. io. * ;

class FileInputStreamTest1 {
    public static void main(String args[])throws IOException {
        FileInputStream infile = new FileInputStream("myfile. txt");
        try {




        } catch (IOException e){
            System. out. println(e. getMessage());
        }finally{
            infile. close();//关闭输入流
        }

    }
}
```

思考题:为什么程序输出的内容为乱码?

5. 参考 FileInputStreamTest1. java 程序,编写程序 FileInputStreamTest2. java,使用 FileInputStream 类以"字节数组"方式读取 myfile. txt 文件内容,输出结果正确,无乱码

问题。

思考题：乱码问题是怎样解决的？

6. 若要将信息"Java 面向对象编程"（书名）、"孙卫琴"（作者）、65.8（价格）等信息，分别以 UTF、double 类型数据保存到文件 books. txt 中，请用"数据流"类编程实现。（提示：可用数据流包装文件字节流方法实现。）

7. Keyboard. java 文件的功能是：从键盘中输入文本并存入文件中，其代码如下：

```
import java.io. * ;

public class Keyboard {
    public static void main(String[] args)throws ____(1)____  {//抛出 IOException 异常
        //创建输入流:从字节流－－＞字符流－－＞缓冲流
        ____(2)____ isr = new InputStreamReader(____(3)____);
        //以 InputStreamReader 对象为参数创建 BufferedReader 对象
        ____(4)____ br = new BufferedReader(____(5)____);

        //创建输出流:从字节流－－＞字符流－－＞缓冲流
        //以"myfile. txt"为参数创建 FileOutputStream 对象
        FileOutputStream fos = new ____(6)____("____(7)____");
        //以 FileOutputStream 对象为参数创建 OutputStreamWriter 对象
        ____(8)____ osw = new OutputStreamWriter(____(9)____);
        //以 OutputStreamWriter 对象为参数创建 BufferedWriter 对象
        BufferedWriter bw = new ____(10)____(____(11)____);
        System. out. println("请输入字符串(按 Ctrl＋Z 结束):");
        String str=null;
        while ((str=br. ____(12)____())! = ____(13)____){//从输入流 bw 中读取一行文本
            bw. ____(14)____(str);//向输出流中写入已读取的文本
            bw. ____(15)____();//向输出流中写入换行符
        }
        br. close();
        bw. ____(16)____();//关闭流
        System. out. println("文件创建完毕!");
    }
}
```

要求：

(1)据题意和注释填充程序所缺代码；

(2)编译、运行程序，并输入以下内容：

abcdefghijk

1234567890

Java 面向对象编程

^Z

（3）查看 myfile.txt 的内容。

思考题：字符流操作包括哪些步骤？常用到哪些方法？

8. 文件 TextFileCopy.java 的功能是能进行文本文件的复制。其代码如下：

```java
//文本文件的复制
import java.io. * ;

public class TextFileCopy {
    public static void main(String[] args){
        try {
            // 创建输入流:从字符流－－＞缓冲流
            _____(1)_____;// 以命令行的第一个参数作为源文件名
            _____(2)_____;// 创建带缓冲区的输入流

            // 创建输出流:从字符流－－＞缓冲流
            _____(3)_____;// 以命令行的第二个参数作为目标件名
            _____(4)_____;// 创建带缓冲区的输出流
            ……
            while (_____(5)_____){
            ……
            }
            ……
        } catch (IOException e){
            e.printStackTrace();
        }
        System.out.println("文件复制完毕!");
    }
}
```

要求：

（1）填充程序所缺代码；

（2）程序的运行需要提供两个命令行参数，才能进行文本文件的复制，例如：

源文件：myfile.txt(或 TextFileCopy.java)

目标文件：myfile2.txt(或 TextFileCopy2.java)

问题：

（1）查看源文件和目标文件的内容是否相同？

（2）如果源文件不是以"回车换行"结束，则目标文件将会多出两字节。请解释其中的原因。

思考题：如何解决这一问题？

9. 请使用 PrintWriter 类创建一个文本文件 result.txt，并向该文件写入字符串、double、boolean 类型数据，还能进行文本格式化输出，如下所示：

d1＝12.3456

d2＝78.8731

　12.35＋78.87＝ 91.22

false

请根据上述要求,编程实现。

10. SerializableTest. java 文件的功能是:进行对象序列化/反序列化。其代码如下:

```java
import java.io.*;


//课程类(可序列化),实现 Serializable 接口
class Course implements ____(1)____ {
    String courseID;// 课程编号
    String courseName;// 课程名称
    int credit;// 学分
    double average;// 平均成绩

    Course(String id, String name, int n, double aver){// 构造方法
        courseID = id;
        courseName = name;
        credit = n;
        average = aver;
    }


    public void display(){
        System.out.println(courseID + "\t" + courseName + "\t" + credit + "\t"
            + average);
    }
}


public class SerializableTest {
    public static void main(String[] args){
        // 创建三个对象
        Course c1 = new Course("SS1015","计算机科学导论", 3,78.2);
        Course c2= new Course("SS1016","计算机科学导论", 4,71.5);
        Course c3 = new Course("SS2008","计算机科学导论", 4,65.1);


        // 以下为序列化操作
        try {
            // 创建文件字节输出流,并以此生成对象输出流
            FileOutputStream file_out = new FileOutputStream("courses.dat");
            _____(2)_____;
            // 向对象输出流写入数据
```

```
            object_out.close();
        } catch (IOException e){
            System.out.println(e);
        }
    }


        // 以下为反序列化操作
        try {
            // 创建文件字节输入流,并以此生成对象输入流
            _____(3)_____;
            Course st = null;
            int i;
            System.out.println("课程名称\t\t课程编号\t学分\t平均成绩");
            for (i = 0; i < 3; i++){

                st.display();
            }
            object_in.close();
        } catch (ClassNotFoundException e){
            System.out.println("不能读出对象!");
        } catch (IOException e){
            System.out.println(e);
        }

    }
}
```

要求:

(1)填充程序所缺代码;

(2)编译程序、运行程序,并回答下列问题。

① 什么是对象的序列化、反序列化?

② 对象要序列化,需要实现什么接口?

③ 实现对象序列化,要用到什么类? 调用什么方法?

④ 实现对象的反序列化,要用到什么类? 调用什么方法?

⑤ 生成的 courses.dat 文件是否为文本文件?

⑥ 假若不想让对象的"平均成绩"属性序列化,该如何操作? 请通过程序加以检验。

11. RandomAccessFileTest.java 文件的功能是:进行文件的随机读写操作。代码如下:

```java
import java.io.*;

class RandomAccessFileTest {
    public static void main(String args[]){
        int data[] = { 1, 1, 2, 3, 5, 8, 13, 21, 34, 55 };// 裴波那契数列
        try {
            // 创建 RandomAccessFile 对象,打开方式为"读写"
```

```
RandomAccessFile randf = new ____(1)____("Fibonacci.dat","____(2)____");
for (int i = 0; i < data.length; i++)
    randf.____(3)____(data[i]);

System.out.println("以反序方式输出裴波那契数列:");
for (int i = data.length - 1; i >= 0; i--){
    randf.seek(____(4)____);// 移动读写指针(int 数据类型占 4 个字节)
    System.out.print(randf.____(5)____() + "\t");// 读取整数
}
randf.____(6)____();//关闭文件
} catch (IOException e){
    System.out.println("文件存取错误!" + e);
}
        }
    }
}
```

要求:

(1)填充程序所缺代码,编译、运行程序;

(2)查看程序运行后生成的 Fibonacci.dat 文件,它是否为文本文件? 为什么?

12. 使用 RandomAccessFile 类编写 CopyFile.java,该程序能够复制任何类型的文件,执行结果形式如下:

源文件:E:\照片\chy.jpg

目标文件:E:\照片\chy2.jpg

拷贝:1004882 字节

用时:16 毫秒

请按要求编写程序。

13. "学生选课记录.xls"工作表 Sheet1 的内容如下:

	A	B	C	D	E	F
1	承担部门	课程代码	课程名称	教学班	学号	姓名
2	软件工程系	SW2002	Java程序设计 I (IBM CY420)	EP	0740217120	曾仕培
3	软件工程系	SW2002	Java程序设计 I (IBM CY420)	EP	0840111101	杨清舜
4	软件工程系	SW2002	Java程序设计 I (IBM CY420)	EP	0840111102	韦晓钦

请编写程序,将工作表 Sheet1 的内容输出。

14. 已知 sc091001.txt 的内容如下:

课程代码,课程名称,学号,姓名

SS2008,数据结构与算法,0840110001,张小山

SS2008,数据结构与算法,0840110002,李大四

SS2008,数据结构与算法,0840110003,王小双

SS2008,数据结构与算法,0840110004,赵六六

SS2008,数据结构与算法,0840110005,孙小二

SS2008,数据结构与算法,0840110006,周真真

SS2008，数据结构与算法，0840110007，冯一鸣

SS2008，数据结构与算法，0840110008，陈小立

请编写程序将上述内容写入 Excel 文档中，所有数据均为字符串，不必设置单元格格式。

15. 对象序列化与反序列化范例

(1)序列化对象 Person 类

```java
package sise.com.SerialTest；

import java.io.Serializable；

//测试对象序列化和反序列化，Person 类
public class Person implements Serializable {
    // 序列化 ID
    private static final long serialVersionUID = -5809782578272943999L；
    private int age；
    private String name；
    private String sex；
    public int getAge() {
        return age；
    }
    public String getName() {
        return name；
    }
    public String getSex() {
        return sex；
    }
    public void setAge(int age) {
        this.age = age；
    }
    public void setName(String name) {
        this.name = name；
    }
    public void setSex(String sex) {
        this.sex = sex；
    }
}
```

(2)测试 TestObjSerializeAndDeserialize 类

```java
package sise.com.SerialTest；

import java.io.File；
import java.io.FileInputStream；
```

```java
import java.io.FileNotFoundException;
import java.io.FileOutputStream;
import java.io.IOException;
import java.io.ObjectInputStream;
import java.io.ObjectOutputStream;
import java.text.MessageFormat;

//测试对象的序列化和反序列
public class TestObjSerializeAndDeserialize {
    public static void main(String[] args) throws Exception {
        SerializePerson();// 序列化 Person 对象
        Person p = DeserializePerson();// 反序列化 Person 对象
        System.out.println(MessageFormat.format("name={0},age={1},sex={2}",
                p.getName(), p.getAge(), p.getSex()));
    }

    // 序列化 Person 对象
    private static void SerializePerson() throws FileNotFoundException,
            IOException {
        Person person = new Person();
        person.setName("gacl");
        person.setAge(25);
        person.setSex("男");
        // ObjectOutputStream
        // 对象输出流,将 Person 对象存储到 E 盘的 Person.txt 文件中,完成对 Person 对象的
        // 序列化操作
        ObjectOutputStream oo = new ObjectOutputStream(new FileOutputStream
                (new File("E:/Person.txt")));
        oo.writeObject(person);
        System.out.println("Person 对象序列化成功!");
        oo.close();
    }

    // 反序列化 Person 对象
    private static Person DeserializePerson() throws Exception, IOException {
        ObjectInputStream ois = new ObjectInputStream(new FileInputStream
                (new File("E:/Person.txt")));
        Person person = (Person) ois.readObject();
        System.out.println("Person 对象反序列化成功!");
        return person;
    }
}
```

(3)9.4.3　对象序列化和反序列化程序结果

在 MyEclipse 下建立一个 java project，将上述 Person 和 TestObjSerializeAndDeserialize 类保存在 sise.com.SerialTest 包名下，运行 TestObjSerializeAndDeserialize 测试主类，得到如图 9-1 所示运行结果。

图 9-1　对象序列化及反序列化程序运行结果图

9.4　实验总结

这一章的实验内容比较丰富，涉及的知识点也多，亦很实用。实验内容按照：File 类、字节流、字符流、对象序列化、RandomAccessFile、Excel 文档读写的顺序来组织。File 类主要用于文件、目录的表示、操作，并不涉及文件内容；字节流和字符流涉及内容的读写操作，要理解字节流、字符流的不同，正确区分输入流、输出流，熟悉字节流、字符流常用类的继承关系，通过字节文件、字符文件的读写操作来熟悉 read()、write()方法的使用，进而引出"包装类"，理解"逐层包装"思想。对象序列化与反序列化、RandomAccessFile、Excel 文档读写的内容相对独立，只要理解概念、能够创建对象、调用相关方法、实现相应功能即可。

实验10

图形用户界面设计

1. 了解利用 Swing 组件进行 GUI 设计的步骤；

2. 了解容器组件的特点；

3. 掌握 Swing 容器类 JFrame、JPanel、JDialog 的使用；

4. 了解独立组件的特点；

5. 掌握常用 Swing 组件的使用，如 JButton、JLabel、JTextField、JTextArea、JList、JComboBox、JRadioButton 等；

6. 掌握字体 Font 类、颜色 Color 类的使用；

7. 了解布局管理器与容器的关系；

8. 掌握布局管理器的使用；

9. 掌握菜单的设计。

1. 界面设计步骤。

(1)设计一个顶层的容器，顶层容器有：JFrame、JDialog、JApplet；

(2)使用默认的布局管理器或设置另外的布局管理器；

（3）定义组件并将它们添加到容器；

（4）对组件或事件编码。

2.容器组件是一种可以容纳其他组件（也包括其他容器组件）并使它们显示可见的一种组件。

（1）JFrame 框架容器类的对象是 Swing GUI 应用程序的主窗口，窗口有边界、标题、关闭按钮等。对于 Java 应用程序，应至少包含一个框架。JFrame 类继承 Frame 类。其构造方法如下：

①JFrame()//创建无标题的初始不可见框架

②JFrame(String title)//创建标题为 title 的初始不可见框架

例如：创建带标题"Java GUI 应用程序"的框架对象 frame：

JFrame frame＝new JFrame("Java GUI 应用程序");

frame. setVisible(true);//使框架对象在屏幕上显示

frame. setSize(200,150);//设置框架窗口初始大小为 200 * 150 像素点

注意：

①在 JFrame 对象中添加一个组件，并不是直接添加组件到框架，而是添加到内容窗格（ContentPane）上。例如：frame. getContentPane(). add(c)。

②若单击框架的关闭按钮，框架窗口将自动关闭，应添加 WindowListener 监听器或书写下列代码：frame. setDefaultCloseOperation(JFrame. EXIT_ON_CLOSE)。

（2）JTabbedPane(选项窗口容器)是一个容器组件，继承 JComponent，该对象反映为一组标签的面板，每个面板都可以存放组件，其常用的构造方法有：

①JTabbedPane()

创建空对象，该对象具有默认的标签位置 JTabbedPane. TOP 和默认的布局策略 JTabbedPane. WRAP_TAB_LAYOUT。

②JTabbedPane(int tabPlacement)

创建空对象，该对象具有指定的标签位置 JTabbedPane. TOP、JTabbedPane. BOTTOM、JTabbedPane. LEFT 和 JTabbedPane. RIGHT 以及默认的布局策略。

③JTabbedPane(int tabPlacement, int tabLayoutPolicy)

创建空对象，该对象具有指定的标签位置和布局策略。

（3）JPanel 面板容器是一种添加到其他容器使用的容器组件，可将组件添加到 JPanel，然后再将 JPanel 添加到某个容器。JPanel 类继承 JComponent 类，其构造方法为：

JPanel()

创建具有默认 FlowLayout 布局的 JPanel 对象。

（4）JDialog 对话框：对话框是一种大小不能变化、不能有菜单的容器窗口，对话框不能作为一个应用程序的主框架，而必须包含在其他的容器中。Java 语言提供多种对话框类来支持不同形式的对话框。JOptionPane 类支持简单、标准的对话框；JDialog 类支持用户自己定义的对话框；JFileChooser 类支持文件打开、保存对话框；ProgressMonitor 类支持操作进度条控制对话框等。

①JFileChooser 对话框提供对文件的打开、保存等文件操作的标准对话框。其构造

方法有：

- JFileChooser()

构造一个指向用户默认目录的 JFileChooser 对象。

- JFileChooser(File currentDirectory)

构造一个给定 File 为路径的 JFileChooser 对象。

其常用方法：int showOpenDialog(Component parent)与 int showSaveDialog(Component parent)。

其中，parent 参数是包含对话框容器的对象，返回值为下面几种情况：

- JFileChooser. CANCEL_OPTION 表示"撤销"按钮；
- JFileChooser. APPROVE_OPTION 表示"打开"或"保存"按钮；
- JFileChooser. ERROR_OPTION 表示出现错误。

在打开或保存文件对话框中做选择后，可用 JFileChooser 类的方法 getSelectedFile()返回选取的文件名(File 类的对象)。

②颜色对话框(JColorChooser)提供了一个选择颜色的对话框。它的常用方法：static Color showDialog(Component parent，String title，Color initialColor)，其中 parent 参数是包含对话框的容器对象；title 为颜色对话框的标题；initialColor 为初始化颜色。

③JOptionPane 对话框：提供模式对话框。它可以创建和自定义问题、信息、警告以及错误等几种类型的对话框。JOptionPane 提供标准的布局支持、图标、指定对话框的标题和文本等特性。要显示简单的模式对话框，可以使用 showXxxxDialog()方法。如：

public static void showMessageDialog(Component parent，Object message，String title，int messageType，Icon icon)

下面对这些参数进行说明：

- parent 参数是包含对话框的容器对象；
- message 为对话框显示的信息内容，一般是一个字符串，显示在对话框的一个标签中；
- title 为标题；
- messageType 确定显示在对话框中的图标。从下列值中选择一个：ERROR_MESSAGE、INFORMATION _ MESSAGE、WARNING _ MESSAGE、QUESTION _ MESSAGE、PLAIN_MESSAGE；
- icon 指明了对话框中显示用户的图标；
- showMessageDialog()方法返回用户选择的一个整数，整数值为 YES_NO_OPTION、YES_NO_CANCEL_OPTION。

3. 独立组件是 Component 类的子类或间接子类，它们直接与用户交互，如标签(JLabel)、按钮(JButton)及文本框(JTextField、JTextArea)等，一个组件在图形界面中需要添加到容器中才能看到。

(1)JButton 类提供一个按钮的功能。它允许用图标或文字或两者同时与下压式按钮相关联的功能。其构造方法为：

JButton([Icon i][,String s])

i 为按钮的图标, s 为按钮的文字。

在 JButton 按钮的使用中, 常用到继承来的 setMnemonic()(设置快捷字母键)。

(2)单行文本框(JTextField)是一个能够接收用户的键盘输入的单行文本区域。其构造方法为:

JTextField([String text][, int columns])

text 表示初始文本内容, columns 指定显示的长度。

常用方法有: void setText(String s); String getText();

(3)口令框(JPasswordField)是 JTextField 类的子类。在 JPasswordField 对象中输入的文字会被字符替代, 这个组件常用来在 Java 程序中输入口令。它的构造方法与 JTextField 类似, 常用的方法有:

①void setEchoChar(char c)//设置回显字符

②char[] getPassword()//返回输入的口令

③char getEchoChar()//返回输入文本时回显在框中的字符。回显字符默认为字符" * "

(4)多行文本框(JTextArea):支持多行文本框。它的构造方法为:

JTextArea([String text] [, int rows, int columns])

text 为初始化文本内容; rows 为高度, 以行为单位; columns 为宽度, 以字符为单位。其常用方法有:

①setLineWrap(boolean wrap)//设置是否允许自动换行

②getText()和 setText()//完成文本内容的获取和设置

③setEditable(boolean)//确定是否可以对内容进行编辑

注意:多行文本框不会自动产生滚动条。可用滚动窗格(JScrollPane)来为多行文本框增加滚动条。

(5)列表框(JList)是允许用户从一个列表中选择一项或多项的组件。列表框的所有项目都是可见的, 如果选项很多, 超出了列表框可见区域的范围, 列表框旁边不会有滚动条出现。除非 JList 类对象与 JScrollPane 类结合起来使用, 才能出现滚动条。其构造方法有:

①JList()//创建空模式的对象

②JList(Object[] listData)//构造显示指定数组 listData 中元素的 JList 对象

(6)组合框(JComboBox)是一个文本域和下拉列表的组合。组合框通常显示一个可选条目, 但可允许用户在一个下拉列表中选择多个不同的条目。用户也可以在文本域内键入选择项。其构造方法为:

JComboBox([Vector v])

v 是初始化选择框的矢量。

使用 addItem(Object obj)方法在列表中增加选项, 其中 obj 是加入组合框的对象。

4. 由于每台机器的显示设备尺寸、分辨率都存在很大的不同, 故采用布局管理器, 这种相对布局来缩小这种差异。布局管理器控制着容器中各组件元素的大小和位置。每个容器组件都有与之相关联的布局管理器。不同的容器有不同的默认布局管理器。

(1)FlowLayout, 顺序布局管理器(Panel 类的缺省布局方式), 是指一个个组件从左到右、从上到下依次排列,每个组件所占的空间依据各组件所指定的合适尺寸来安排,当一行容纳不下时,便自动安排在下一行。

(2)BorderLayout,边界方式布局管理器(Window 类的缺省布局方式),它把容器内的空间简单地划分为东、西、南、北、中五个区域,按方位排列元素,各元素是紧紧相邻的。

(3)GridLayout,网格式布局管理器,按均匀的行、列排列元素。

(4)GridBagLayout,网格包布局管理,它不要求组件的大小相同便可以将组件垂直、水平或沿它们的基线对齐。每个组件占用一个或多个这样的单元,该单元被称为显示区域。

手动布局,是一种绝对布局方式。读者可以通过 setLayout(null)方式取消容器的布局管理器,再通过 setLocation()、setSize()、setBounds()等方法来设置组件的位置和大小。

5.菜单系统包括菜单条 JMenuBar、菜单 JMenu 与菜单项 JMenuItem,其中菜单条(JMenuBar)可以容纳菜单(JMenu),而菜单(JMenu)可以容纳菜单项(JMenuItem)或子菜单(JMenu)。而菜单项(JMenuItem)不具有容器功能,通常对应一定的功能。其关系如图 10-1 所示。

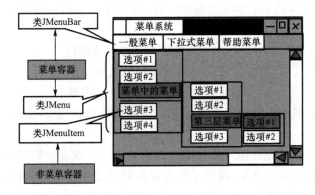

图 10-1　菜单系统

以下是创建菜单系统的步骤:

(1)创建菜单条:JMenuBar()。

(2)创建菜单:JMenu([String s][, boolean removable])。

s 为菜单选项的名字;romovable 为 true,则弹出式菜单可被移开并自由漂动(可移动菜单与实现有关),否则,它被附在菜单栏上。还可以创建弹出式菜单:JPopupMenu([String s])。

(3)创建菜单项:

MenuItem([String itmName][,Icon icon][, MenuShortcut keyAccel])

itmName 为该菜单项的名字;icon 为该菜单的图标;keyAccel 为该菜单项的快捷键。

(4)将整个建成的菜单添加到某个容器中:

setJMenuBar(MenuBar mbr);//类 JFrame 中的方法

(5)菜单事件:与按钮 JButton 按钮事件处理类似。

(6)常用的方法:

void setEnabled(boolean f)//设置菜单选项被启动/被禁用

boolean isEnabled()

void setLabel(String s)//改变一个菜单项的名字

String getLabel()//查看当前菜单项的名字

10.3 实验内容与步骤

1. 回答下列问题：

(1)Component 类与 Button 类是什么关系？

(2)Container(容器)类有两个直接子类 Panel 和 Window,它们分别在什么情况下使用？

2. Label、TextField、Button 类的使用。

问题描述:编写如图 10-2 所示的界面程序,使用 Label、TextField、Button 三种组件,完成如"2+3=?"的加法运算。

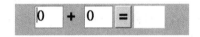

图 10-2 初始化运行效果

(1)AppletDemo 是用 Applet 程序实现图 10-3 所示的效果,请在①~⑧ 区域内补充合适代码,使程序能正常运行。

图 10-3 计算后运行效果

```
//<applet code=AppletDemo width=400 height=80>
//</applet>
import java.applet.Applet;
import java.awt.Button;
import java.awt.Color;
import java.awt.Font;
import java.awt.Label;
import java.awt.TextField;
import java.awt.event.ActionEvent;
import java.awt.event.ActionListener;

public class AppletDemo extends Applet implements ActionListener {

    private TextField op1; // 声明第一个操作数对象 op1
```

```
private TextField op2;// 声明第二个操作数对象 op2
private Button addBtn;
    ____①____ ;// 定义显示结果的 Label 对象 result


public void init(){// 对各组件的属性初始化


    op1 = new TextField("0", 2);
    op2 = new TextField("0", 2);
    addBtn = new Button("=");
        ____②____ ;//对 result 对象初始化
    Label add = new Label("+");
    // 设置一种字体,字体类型 Dialog,粗体,大小为 30
    Font font = new java.awt.Font("Dialog", Font.BOLD, 30);
    op1.setFont(font); // 设置 op1 的显示字体为 font
    op2.setFont(font); // 设置 op2 的显示字体为 font
    add.setFont(font); // 设置 result 的显示字体为 font
    addBtn.setBackground(Color.cyan);// 设置 addBtn 按钮的背景色
    addBtn.setFont(font);// 设置 result 的显示字体为 font
    addBtn.addActionListener(this);// 在 addBtn 按钮上注册事件
        ____③____ ; // 设置 result 的显示字体为 font
        ____④____ ; // 设置 result 的前景色为红色(red)
        ____⑤____ ; //设置 result 的背景色为白色(white)


    setBackground(Color.orange);// 设置 Applet 的背景色
    // 把各组件添加到 Applet 容器
    add(op1);
    add(add);
    add(op2);
    add(addBtn);
        ____⑥____ ;
}


//事件处理
public void actionPerformed(ActionEvent e){
    //获取用户输入的第一个操作数 op1,并转换为 int 类型
    int op1 = Integer.parseInt(op1.getText());
    //获取用户输入的第二个操作数 op2,并转换为 int 类型
    int op2 = ____⑦____ ;
        ____⑧____ ;//把相加的结果显示到 result 标签中
    }
}
```

(2)AppDemo 是用 Application 程序实现图 10-3 所示的效果,请在①~⑨区域内补

充合适代码,使程序能正常运行。

```java
import java.awt.Button;
import java.awt.Color;
import java.awt.FlowLayout;
import java.awt.Font;
import java.awt.Frame;
import java.awt.Label;
import java.awt.TextField;
import java.awt.event.ActionEvent;
import java.awt.event.ActionListener;
import java.awt.event.WindowAdapter;
import java.awt.event.WindowEvent;


public class AppDemo extends Frame implements ActionListener {

    private TextField op1; // 声明第一个操作数对象 op1
    private TextField op2;// 声明第二个操作数对象 op2
    private Button addBtn;
    _____①_____ ;// 定义显示结果的 Label 对象

    public AppDemo(){
        this.setLayout(new FlowLayout());
        op1 = new TextField("0", 2);
        op2 = new TextField("0", 2);
        addBtn = new Button("=");
        _____②_____ ;//对 result 对象初始化
        Label add = new Label("+");
        // 设置一种字体,字体类型 Dialog,粗体,大小为 30
        Font font = new java.awt.Font("Dialog", Font.BOLD, 30);
        op1.setFont(font); // 设置 op1 的显示字体为 font
        op2.setFont(font); // 设置 op2 的显示字体为 font
        add.setFont(font); // 设置 result 的显示字体为 font
        addBtn.setBackground(Color.cyan);// 设置 addBtn 按钮的背景色
        addBtn.setFont(font);// 设置 result 的显示字体为 font
        addBtn.addActionListener(this);// 在 addBtn 按钮上注册事件
        _____③_____ ; // 设置 result 的显示字体为 font
        _____④_____ ; // 设置 result 的前景色为红色(red)
        _____⑤_____ ; //设置 result 的背景色为白色(white)

        setBackground(Color.orange);// 设置界面的背景色
        // 把各组件添加到 Frame 框架容器
        add(op1);
```

```
        add(add);
        add(op2);
        add(addBtn);
            ⑥      ;

        this. pack();//根据容器组件内元素的大小,初始化界面
            ⑦      ;//使界面可见
        //添加关闭窗口事件
        this. addWindowListener(new WindowAdapter(){
            public void windowClosing(WindowEvent e){
                AppDemo. this. dispose();
            }
        });
    }


    public void actionPerformed(ActionEvent e){
    //获取用户输入的第一个操作数 op1,并转换为 int 类型
        int a = Integer. parseInt(op1. getText());
    //获取用户输入的第二个操作数 op2,并转换为 int 类型
        int b =      ⑧      ;
            ⑨      ;//把相加的结果显示到 result 标签中
    }


    public static void main(String[] args){
        new AppDemo();
    }
}
```

3.单选按钮、复选按钮、列表框与布局管理器的综合使用。

问题描述:编写如图 10-4 所示效果的界面,界面元素有四个单选按钮、三个复选按钮和一个列表框。

图 10-4   AppDemo2 初始化运行效果

(1)AppDemo2 是用 Application 程序实现图 10-5 所示的效果,请在①~⑤区域内补充合适代码,使程序能正常运行。

图 10-5   AppDemo2 界面操作效果

```java
import java.awt.Checkbox;
import java.awt.CheckboxGroup;
import java.awt.Color;
import java.awt.FlowLayout;
import java.awt.Frame;
import java.awt.List;
import java.awt.event.WindowAdapter;
import java.awt.event.WindowEvent;

public class AppDemo2 extends Frame {

    private Checkbox[] cb1;
    private Checkbox[] cb2;
    private List list1;

    public AppDemo2(){
        this.setTitle("AppDemo2");
        _____①_____ ;//设置界面的布局方式为 FlowLayout
        this.setBackground(Color.green);//设置界面的背景色
        String[] c1={" 红"," 绿"," 蓝"," 青"};
        String[] c2={" 常规"," 加粗"," 倾斜"};
        String[] c3={"8","9","10","12","14","16","18","20","24","28"};
        cb1= new Checkbox[4];
        cb2 = new Checkbox[3];
        list1 = _____②_____ ;//构建一个实现三行、不可多选的 List 对象
        CheckboxGroup cbg = new CheckboxGroup();//构建一个选项组

        // 把单选按钮添加到 Frame 容器
        for(int i=0;i<c1.length;i++){
        cb1[i]= _____③_____ ;
        this.add(cb1[i])   ;
    }
        // 把复选按钮添加到 Frame 容器
        for(int j=0;j<c2.length;j++){
            cb2[j]= _____④_____ ;
            add(cb2[j]);
    }
        // 把 List 组件添加到 Frame 容器
        for(int k=0;k<c3.length;k++){
            _____⑤_____ ;
            add(list1);
        }
```

```
        this. pack();
        this. setVisible(true);
        //添加关闭窗口事件
        this. addWindowListener(new WindowAdapter(){
            public void windowClosing(WindowEvent e){
                AppDemo2. this. dispose();
            }
        });
    }

    public static void main(String[] args){
        new AppDemo2();
    }
}
```

(2)Frame 容器默认的布局管理器是(　　　)。

A. FlowLayout　　　B. BorderLayout　　　C. GridLayout　　　D. GridBagLayout

(3)不管界面尺寸如何改变,单选按钮、复选按钮、列表框始终按行的方式显示,如图 10-6 所示,请在①~⑦区域内补充合适代码,使程序能正常运行。

图 10-6　AppDemo3 运行效果

```
import java. awt. Checkbox;
import java. awt. CheckboxGroup;
import java. awt. Color;
import java. awt. Frame;
import java. awt. GridLayout;
import java. awt. List;
import java. awt. Panel;
import java. awt. event. WindowAdapter;
import java. awt. event. WindowEvent;

public class AppDemo3 extends Frame {

    private Checkbox[] cb1;
    private Checkbox[] cb2;
```

```
private List list1;

public AppDemo3(){
    this.setTitle("AppDemo3");
    this.setLayout(    ①    );// 设置界面的布局方式为 FlowLayout
//p1,p2,p3 用于布局
    Panel p1 = new Panel();
    Panel p2 = new Panel();
    Panel p3 = new Panel();

    this.setBackground(Color.green);// 设置界面的背景色
    String[] c1 = { " 红"," 绿"," 蓝"," 青" };
    String[] c2 = { " 常规"," 加粗"," 倾斜" };
    String[] c3 = { "8","9","10","12","14","16","18","20","24","28" };
    cb1 = new Checkbox[4];
    cb2 = new Checkbox[3];
    list1 = new List(3, false);// 构建一个实现三行、不可多选的 List 对象
    CheckboxGroup cbg = new CheckboxGroup();// 构建一个选项组

    // 把单选按钮添加到 Frame 容器
    for (int i = 0; i < c1.length; i++){
        cb1[i] = new Checkbox(c1[i], false, cbg);
            ②    ;//把组件添加到 p1 面板
    }
        ③    ; //把 p1 添加到 Frame 对象
    // 把复选按钮添加到 Frame 容器
    for (int j = 0; j < c2.length; j++){
        cb2[j] = new Checkbox(c2[j]);
            ④    ;//把组件添加到 p2 面板
    }
        ⑤    ; //把 p2 添加到 Frame 对象
    // 把 List 组件添加到 Frame 容器
    for (int k = 0; k < c3.length; k++){
        list1.add(c3[k]);
            ⑥    ;//把组件添加到 p3 面板
    }
        ⑦    ;//把 p3 添加到 Frame 对象
    this.pack();
    this.setVisible(true);
    // 添加关闭窗口事件
    this.addWindowListener(new WindowAdapter(){
        public void windowClosing(WindowEvent e){
```

```
                    AppDemo3. this. dispose();
                }
            });
        }

        public static void main(String[] args){
            new AppDemo3();
        }
    }
```

4. Swing 组件综合运用。

问题描述：本程序是制作一个简易的文本编辑器，可以编辑文本信息，可以修改文本信息字体与颜色，并可实现保存与打开等功能。其运行效果如图 10-7 所示。

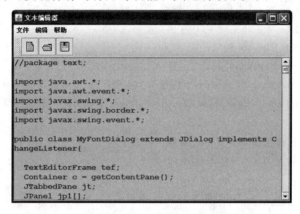

图 10-7　简易的文本编辑器

该程序具体功能在下面将进行详细介绍，请按下列要求进行操作。

(1)设置一个顶层容器(JFame)，运行效果如图 10-8 所示。

图 10-8　设置"文本编辑器"窗口的一个顶层容器

//代码 1

import java. awt. * ;

import javax. swing. * ;

public class TextEditorFrame extends JFrame {

```java
public TextEditorFrame(){//初始化代码
    super("文本编辑器");
    Container c=this. getContentPane();
    c. setLayout(new BorderLayout());
    this. setSize(400，300);
    setDefaultCloseOperation(JFrame. EXIT_ON_CLOSE);
    setVisible(true);
}

public static void main(String[] args){
    TextEditorFrame   frame = new TextEditorFrame();
}
}
```

(2)在顶层容器中添加菜单系统,如图 10-9 所示,请填写(1)～(5)代码,自己定义"编辑"菜单。

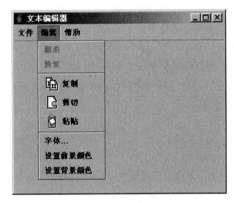

图 10-9　添加菜单系统

```java
//代码 2
import java. awt. * ;
import java. awt. event. * ;
import javax. swing. * ;

public class TextEditorFrame extends JFrame {
    //声明"文件"菜单的菜单项
    JMenuItem jMenuFileNew,jMenuFileOpen,jMenuFileSave,jMenuFileExit;
    _____(1)_____ ;//声明"编辑"菜单的菜单项
    JMenuItem jMenuHelpAbout;//声明"帮助"菜单的菜单项

    public TextEditorFrame(){//初始化代码
        super("文本编辑器");
        Container c=this. getContentPane();
        c. setLayout(new BorderLayout());
```

```
Icon newIcn＝new ImageIcon("images/new. gif");
Icon openIcn＝new ImageIcon("images/open. gif");
Icon saveIcn＝new ImageIcon("images/save. gif");
_____(2)_____;//分别创建 copy. gif、cut. gif、paste. gif 图片对象
Icon helpIcn＝new ImageIcon("images/help. gif");
//定义菜单条
JMenuBar jMenuBar1 ＝ new JMenuBar();//定义菜单栏
//定义三个菜单
JMenu jMenuFile ＝ new JMenu("文件");
JMenu jMenuEdit ＝ new JMenu("编辑");
JMenu jMenuHelp ＝ new JMenu("帮助");
//初始化"文件"菜单的菜单项
jMenuFileNew ＝ new JMenuItem("新建",newIcn);
jMenuFileOpen ＝ new JMenuItem("打开",openIcn);
jMenuFileSave ＝ new JMenuItem("保存",saveIcn);
jMenuFileExit ＝ new JMenuItem("退出");
// 初始化"编辑"菜单的菜单项
_____(3)_____;
// 初始化"帮助"菜单的菜单项
jMenuHelpAbout ＝ new JMenuItem("关于...",helpIcn);


//把菜单项添加到"文件"菜单
jMenuFile. add(jMenuFileNew);
jMenuFile. add(jMenuFileOpen);
jMenuFile. add(jMenuFileSave);
jMenuFile. addSeparator();//添加一条分隔线
jMenuFile. add(jMenuFileExit);
//把菜单项添加到"编辑"菜单
_____(4)_____;
//把菜单项添加到"帮助"菜单
jMenuHelp. add(jMenuHelpAbout);
//把三个菜单添加到菜单条
jMenuBar1. add(jMenuFile);
_____(5)_____;
jMenuBar1. add(jMenuHelp);
//把菜单系统添加到框架 JFrame 容器中
this. setJMenuBar(jMenuBar1);
this. setSize(400，300);
setDefaultCloseOperation(JFrame. EXIT_ON_CLOSE);
//_____(6)_____;//定义工具栏

//_____(7)_____;//添加编辑区(多行文本框)
```

```
        setVisible(true);
    }

    public static void main(String[] args){
        TextEditorFrame    frame = new TextEditorFrame();
    }
}
```

(3)在上一步的基础上,请填写(6)代码,定义工具栏(JToolBar),如图 10-10 所示。

(4)在上一步的基础上,请填写(7)代码,添加多行文本区(JTextArea)组件,如图 10-10 所示。

(5)设置一个顶层容器(JDialog),如图 10-11 所示。

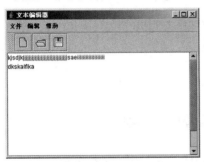

图 10-10　添加工具栏与文本区

图 10-11　设置"设置字体"对话框顶层容器

①在 TextEditorFrame 的 main()方法中编写如下代码:

```
import java.awt. * ;
import javax. swing. * ;

public class TextEditorFrame extends JFrame {
    public static void main(String[] args){
        TextEditorFrame frame = new TextEditorFrame();
        MyFontDialog mfd=new MyFontDialog(frame,"字体");
        mfd. setVisible(true);
    }
}
```

②设置"字体"对话框界面

```
//代码3
import java. awt. * ;
import java. awt. event. * ;
import javax. swing. * ;
import javax. swing. event. * ;

public class MyFontDialog extends JDialog{
```

```
        TextEditorFrame tef；
        Container c = getContentPane()；//获取本对话框的内容窗格

        MyFontDialog(TextEditorFrame parent,String title){
            super(parent,title)；//本对话框是 parent 对象的对话框,标题名为 title
            tef=parent；
            c. setLayout(new GridLayout(2,1))；//设置容器 c 的布局为两行一列
            //设置单击该对话框的关闭按钮能关闭对话框
            setDefaultCloseOperation(JDialog. DISPOSE_ON_CLOSE)；
            setSize(400，300)；//设置对话框的大小为 400 * 300 像素点
            setResizable(false)；//设置对话框的大小不可改变
        }
        public Insets getInsets(){//指明组件与显示区边缘之间的距离
            return new Insets(30,5,5,5)；
        }
    }
```

③对话框的调试与运行

操作 1：输入下列命令对 MyFontDialog. java 程序进行编译

javac MyFontDialog. java；

操作 2：运行 TextEditorFrame 程序(MyFontDialog 对话框不能单独运行)。

(6)在代码 3 的基础上,对"设置字体"对话框进行总体布局,如图 10-12 所示。

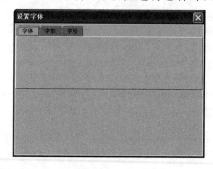

图 10-12　对话框布局

```
//代码 4
import java. awt. * ；
import java. awt. event. * ；
import javax. swing. * ；
import javax. swing. event. * ；


public class MyFontDialog extends JDialog implements ChangeListener{

        TextEditorFrame tef；
        Container c = getContentPane()；
```

```
        JTabbedPane jt;        //声明选项窗口对象 jt
        JPanel jp1[];            //声明面板数组 jp1

//area1
        MyFontDialog(TextEditorFrame parent,String title){
            super(parent,title);
            tef＝parent;
            c. setLayout(new GridLayout(2,1));

        jt ＝ new JTabbedPane(); //构造选项窗口
        jt. addChangeListener(this); //为选项窗口注册监听器
        /＊构造三个面板＊/
        jp1 ＝ new JPanel[3];
        jp1[0] ＝ new JPanel();
//area2
        jp1[1] ＝ new JPanel();
//area3
        jp1[2] ＝ new JPanel();
//area4
        JPanel jp2＝new JPanel();

        /＊添加三个面板到选项窗口 jt 中＊/
//area5
        jt. addTab("字体",jp1[0]);
//area6
        jt. addTab("字形",jp1[1]);
//area7
        jt. addTab("字号",jp1[2]);
            c. add(jt);
            c. add(jp2);

        setDefaultCloseOperation(JDialog. DISPOSE_ON_CLOSE);
        setSize(400，300);
        setResizable(false);
        }

        public Insets getInsets(){
            return new Insets(30,5,5,5);
        }

        /＊对选项窗口进行事件处理＊/
```

```
public void stateChanged(ChangeEvent e){
    if (e. getSource()==jt){
        int i = ((JTabbedPane)e. getSource()). getSelectedIndex();
        jp1[i]. setVisible(true);
    }
}
}
```

(7)在代码 4 的基础上,在标签为"字体"的面板中,添加本机字体的列表框,效果如图 10-13 所示。

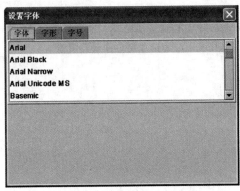

图 10-13　添加字体列表框

在//area1 处填写:

JList lst1;//声明字体列表框

在//area2 处填写:

```
/*设置"字体"面板上的内容*/
jp1[0]. setLayout(new BorderLayout());
    GraphicsEnvironment gv=GraphicsEnvironment. getLocalGraphicsEnvironment();
    String [] s1=gv. getAvailableFontFamilyNames();      //获取本机上字体
    lst1 = new JList(s1);                    //构造本机字体的 JList 对象
    lst1. setSelectedIndex(0);               //初始化为列表中第一个元素被选中
    lst1. setVisibleRowCount(5);             //设置显示五行
    JScrollPane lst1P=new JScrollPane(lst1);  //增添 JList 的滚动条
```

在//area5 处填写:

jp1[0]. add(lst1P,BorderLayout. CENTER);   //增添滚动条 lst1P 到面板 jp1[0]中

(8)在代码 4 的基础上,在标签为"字形"的面板中,添加四个单选按钮,效果如图 10-14 所示。

在//area1 处填写:

JRadioButton jrb1, jrb2, jrb3, jrb4;//声明四个单选按钮

在//area3 处填写:

```
/*设置"字形"面板上的内容*/
jp1[1]. setLayout(new GridLayout(1,4));
//构造四个单选按钮
```

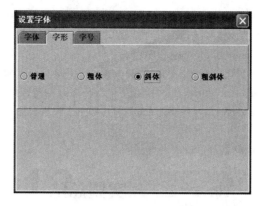

图10-14　设置"字形"面板

```
jrb1＝new JRadioButton("普通");
jrb2＝new JRadioButton("粗体");
jrb3＝new JRadioButton("斜体");
jrb4＝new JRadioButton("粗斜体");
ButtonGroup bg＝new ButtonGroup();
//将四个单选按钮添加到按钮组中
bg. add(jrb1);
bg. add(jrb2);
bg. add(jrb3);
bg. add(jrb4);
```

在//area6 处填写：

```
jp1[1]. add(jrb1);
jp1[1]. add(jrb2);
jp1[1]. add(jrb3);
jp1[1]. add(jrb4);
```

（9）在代码 4 的基础上，在标签为"字号"的面板中，添加字体大小的组合框，效果如图
10-15 所示。

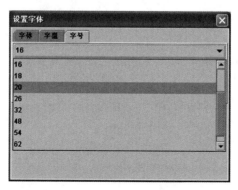

图10-15　设置"字号"面板

在//area1 处填写：

```
JComboBox pList;//声明组合框对象 pList
```

在//area4 处填写：

/＊设置"字号"面板上的内容＊/

　　jp1[2]．setLayout(new BorderLayout())；

　　String[] pString＝{"8","10","12","14","16","18","20","26","32","48","54","62","75"}；

　　pList＝new JComboBox(pString)；//构造元素为 pString 的组合框对象

　　pList．setSelectedIndex(4)；//初始化为复选框中第五个元素被选中

在//area7 处填写：

jp1[2]．add(pList,BorderLayout．NORTH)；

10.4　实验总结

　　本章实验主要围绕 GUI 中 AWT 组件与 Swing 组件的常用类进行展开。掌握 AWT 组件的使用，必须先了解 AWT 组件之间的层次关系，该组件分为两大类：一类是容器组件，能容纳其他组件；一类是非容器组件，也称为独立组件，不能容纳其他组件，是 GUI 设计中的基本元素。在 AWT 包中常用的容器组件有 Frame 框架容器、Panel 面板容器、Dialog 对话框容器和 Applet 容器，每一种容器都有其默认的布局管理器，当然，读者可以通过 setLayout()方法设置其他布局方式。常用的独立组件有 Label、Button、TextField、Checkbox 和 List 等。

　　读者在了解利用 Swing 组件进行 GUI 设计的一般步骤之后，完成一个简易版的"文本编辑器"程序。在其具体编码中，会涉及 Swing 组件中的 JFrame 框架类的使用、菜单系统的制作、工具栏的创建以及基本的 GUI 组件，如 JButton、JLabel、JTextArea、JList、JComboBox 、JRadioButton 与 JPanel 等的使用。通过对"设置字体"对话框功能的具体设计与实现，可以很好掌握自定义对话框的使用。最后，对程序中的相关功能进行一定的事件处理。读者认真完成上述实验，可以很快地提高 GUI 设计水平。

实验11

事件处理

实验目的

1. 了解基于授权的事件模型;
2. 掌握基本事件处理一般方法,能够找出事件源、事件、监听器;
3. 掌握利用适配器类处理事件;
4. 掌握利用内部类处理事件;
5. 结合 GUI 设计,完成具体的事件处理。

11.2 **相关知识点**

1. 基于授权的事件模型。该模型的事件处理机制是:一个事件源(source)产生一个事件(event),并把它送到一个或多个监听器(listeners);而监听器一直在等待事件,一旦有事件传入,监听器将处理这些事件,然后返回。

(1)事件源:产生事件的对象。当这个事件源内部状态以某种方式改变时,事件就产生。一个事件源可能产生不止一种事件。一个事件源必须注册监听器,以便监听器可以接受这一事件的通知。常见事件源及其描述见表 11-1。

表 11-1   常见事件源及其描述

事件源	描 述	事件源	描 述
Button	在按钮被按下时产生动作事件	Textcompoment	当用户输入字符时产生文本事件
Choice	在选择项改变时产生项目事件	Scrollbar	在滚动条被拖动时产生调整事件
Checkbox	在复选框被选中或取消时产生项目事件	Window	窗口被激活、最小化、恢复、关闭、失效、打开、退出时产生窗口事件
List	在一项被双击时,产生动作事件,被选择或被取消时产生项目事件	Menuitem	菜单项被选中时产生动作事件,当可复选菜单项被选择或取消时产生的项目事件

（2）事件：描述事件源的状态改变的对象。事件的产生,可以是人与 GUI 相互作用的结果;可以是由于在定时器到期时一个计数器超过了一个值;一个软件或硬件错误发生;一个操作被完成等。每一种事件都有自己的注册方法。它的通用形式：

public void addTypeListenter(TypeListenter el)//Type:事件名称;el:事件监听器对象

例如:addKeyListener()//注册键盘事件

当一个事件发生时,事件通知会通过事件对象被发送到相应的监听器。事件对象所对应的事件类及其描述见表 11-2。

表 11-2   java.awt.event 中的主要事件类及其描述

事件源	描 述	事件源	描 述
ActionEvent	通常在按下一个按钮、双击一个列表项或者选中一个菜单项时发生	WindowEvent	当一个窗口激活、最小化、恢复、关闭、失效、打开、退出时发生
FocusEvent	当一个组件获得或失去焦点时发生	AdjustmentEvent	当操作一个滚动条时发生
TextEvent	当文本区或文本框的文本发生改变时发生	ComponentEvent	当一个组件隐藏、移动、改变大小或成为可见时发生
KeyEvent	当输入从键盘获得时发生	ContainerEvent	当一个组件加入容器或从容器中删除时发生
MouseEvent	当鼠标被拖动、移动、单击、按下、释放时发生;或者在鼠标进入或退出一个组件时发生	ItemEvent	当一个复选框或列表项被单击时发生;当一个选择框或一个可选择菜单的项被选择或取消时发生

（3）事件监听器：事件发生时被通知的对象。它有两个要求：①在事件源中已经注册;②必须实现接受和处理事件通知的所有方法。通常使用的事件监听器接口及其描述见表 11-3。

表 11-3   通常使用的事件监听器接口及其描述

事件监听器接口	描 述	事件监听器接口	描 述
ActionListener	定义一个接受动作事件的方法	AdjustmentListener	定义一个接受调整事件的方法
FocusListener	定义两个方法来识别何时组件获得或失去焦点	WindowListener	定义五个方法来识别何时窗口激活、最小化、恢复、关闭、失效、打开、退出
TextListener	定义一个方法来识别何时文本值改变	ItemListener	定义一个方法来识别何时项目状态改变
KeyListener	定义三个方法来识别何时按下、释放和键入字符事件	ComponentListener	定义四个方法来识别何时隐藏、移动、改变大小、显示组件
MouseListener	定义五个方法来识别何时鼠标单击、进入组件、退出组件、按下和释放事件	ContainerListener	定义两个方法来识别何时从容器中加入或删除组件
MouseMotionListener	定义两个方法来识别何时鼠标拖动和移动		

（4）事件源、事件、事件监听器三者的关系。根据事件源对象,通过查询 Java API 文

档,可以找到对应的事件监听器,根据监听器接口中方法的参数,可以找到对应的事件。例如事件源为 Button 对象,可以找到 addActionListener()方法注册 ActionListener 类型的监听器,在 ActionListener 接口对象中封装了 actionPerformed(ActionEvent e)方法,其中参数 ActionEvent 对象 e 就是事件。

(5)使用授权的事件模型分两步:①实现注册监听器的代码,以便可以得到事件的通知;②在监听器中实现相应的监听器接口,以便处理相应的事件。

2.利用适配器类处理事件。Java 提供了一些抽象的适配器类(Adapter class),一个适配器类实现并提供了一个监听器接口中所有的方法,但这些方法都是空方法。当接受和处理部分事件时,只需要重写该部分事件代码,而不像监听器接口必须实现接口中的所有方法。适配器类和事件监听器接口相对应,具体见表 11-4。

表 11-4　　　　　　　　　　适配器类和事件监听器接口

适配器类	事件监听器接口	适配器类	事件监听器接口
ComponentAdapter	ComponentListener	MouseAdapter	MouseListener
ContainerAdapter	ContainerListener	MouseMotionAdapter	MouseMotionListener
FocusAdapter	FocusListener	WindowAdapter	WindowListener
KeyAdapter	KeyListener		

3.利用内部类处理事件。内部类是一个定义在其他类甚至表达式中的类,可以通过内部类来简化适配器代码。

4.利用匿名的内部类来处理事件,所谓匿名的内部类,是指没有指定名称的类。

11.3　实验内容与步骤

1.利用监听器接口中的方法处理事件

问题描述:EventDemo1 程序能根据用户的输入动态地显示数据,初始化界面如图 11-1 所示,例如:在文本框中输入"事件测试!"文本信息,当单击"确认"按钮时,标签中将显示:"您输入了:事件测试!"字样,如图 11-2 所示;在文本框中输入"你好",当单击"确认"按钮时,标签中将显示:"您输入了:你好"字样,如图 11-3 所示。

图 11-1　初始化界面

图 11-2　运行效果 1　　　　　图 11-3　运行效果 2

```
import java.awt. * ;
import java.awt.event.ActionEvent;
import java.awt.event.ActionListener;

public class EventDemo1 extends Frame ____(1)____ {
    private TextField inputMsg;
```

```
        private Button btn;
        private Label result;


        EventDemo1(){
            super("EventDemo1");
        setLayout(new FlowLayout());
            setBackground(Color. WHITE);
            inputMsg＝new TextField(10);//创建输入框对象
            btn＝new Button("确认");
            result＝new Label("                    ");//创建显示结果的标签对象
            result. setForeground(Color. red);
            _____(2)_____;//给按钮注册动作监听器
            add(inputMsg);
            add(btn);
            add(result);
            setSize(300,150);
            setVisible(true);
        }


    //事件处理
    public void actionPerformed(_____(3)_____){
        //获取用户输入的信息,并在 result 标签处显示
        _____(4)_____;
    }


    public static void main(String[] args) {
        new EventDemo1();
    }


}
```

要求:

(1)在 EventDemo1 中的(1)~(4)中填入合适的代码,实现程序功能。

(2)若单击应用程序的关闭按钮,能关闭此程序,应该怎样实现。

提示:

(1)事件源(EventDemo1 对象)、事件监听器接口(WindowListener)、事件(Window-Event 对象)。

(2)WindowListener 接口中处理事件的方法:windowClosing()。

(3)关闭窗体代码:System. exit(0);或 this. dispose();。

2.采用多种方式实现事件处理

问题描述:EventDemo2 程序是实现鼠标事件。当鼠标被单击或拖动时,相应的信息

将被显示在小应用程序的状态栏上，而其他的鼠标事件将被忽略，如图 11-4 和图 11-5 所示。以下代码分别采用监听器接口、适配器类、内部类和匿名的内部类四种方式实现。仔细阅读代码，并比较它们的不同。

图 11-4　单击鼠标

图 11-5　拖动鼠标

（1）采用监听器接口实现

```
//<applet code=EventDemo2 width=200 height=200>
//</applet>

import java.awt. * ;
import java.awt.event. * ;
import java.applet.Applet;

public class EventDemo2 extends Applet {

    public void init(){
        //在 EventDemo2 对象上注册鼠标监听器
        this.addMouseListener(new MyMouseListener(this));
        //在 EventDemo2 对象上注册鼠标拖动监听器
        this.addMouseMotionListener(new MyMouseMotionListener(this));
    }
}

//MyMouseListener 类实现鼠标监听器接口,从而进行一系列的鼠标事件处理
class MyMouseListener implements MouseListener {
    EventDemo2 exp;

    public MyMouseListener(EventDemo2 exp){
        this.exp = exp;
    }

    //单击鼠标时,调用该方法进行事件处理
    public void mouseClicked(MouseEvent e){
        exp.showStatus("单击鼠标!");
```

```
    }
    //鼠标进入时,调用该方法进行事件处理
    public void mouseEntered(MouseEvent e){
    }
    //鼠标退出时,调用该方法进行事件处理
    public void mouseExited(MouseEvent e){
    }
    //鼠标按下时,调用该方法进行事件处理
    public void mousePressed(MouseEvent e){
    }
    //松开鼠标时,调用该方法进行事件处理
    public void mouseReleased(MouseEvent e){
    }
}
//MyMouseMotionListener 类实现鼠标拖动监听接口,从而进行一系列的鼠标拖动事件处理
class MyMouseMotionListener implements MouseMotionListener {
    EventDemo2 exp;

    public MyMouseMotionListener(EventDemo2 exp){
        this.exp = exp;
    }
    //拖动鼠标时,进行事件处理
    public void mouseDragged(MouseEvent e){
        exp.showStatus("拖动鼠标!");
    }
    //移动鼠标时,进行事件处理
    public void mouseMoved(MouseEvent e){
    }
}
```

(2)采用适配器类实现

```
//<applet code=EventDemo3 width=200 height=200>
//</applet>

import java.awt. * ;
import java.awt.event. * ;
import java.applet.Applet;

public class EventDemo3 extends Applet {

    public void init(){
        //在 EventDemo2 对象上注册鼠标监听器
        this.addMouseListener(new MyMouseAdapter(this));
```

```
        //在 EventDemo2 对象上注册鼠标拖动监听器
        this.addMouseMotionListener(new MyMouseMotionAdapter(this));
    }
}


//MyMouseAdapter 类继承 MouseAdapter 类,从而进行相应的鼠标事件处理
class MyMouseAdapter extends MouseAdapter {
    EventDemo3 exp;

    public MyMouseAdapter(EventDemo3 exp){
        this.exp = exp;
    }


    //单击鼠标时,调用该方法进行事件处理
    public void mouseClicked(MouseEvent e){
        exp.showStatus("单击鼠标!");
    }
}


//MyMouseMotionAdapter 类继承 MouseMotionAdapter 类,从而进行相应的鼠标拖动事件处理
class MyMouseMotionAdapter    extends MouseMotionAdapter {
    EventDemo3 exp;

    public MyMouseMotionAdapter(EventDemo3 exp){
        this.exp = exp;
    }
    //拖动鼠标时,进行事件处理
    public void mouseDragged(MouseEvent e){
        exp.showStatus("拖动鼠标!");
    }
}
```

(3)采用内部类实现
```
//<applet code=EventDemo4 width=200 height=200>
//</applet>

import java.awt. * ;
import java.awt.event. * ;
import java.applet.Applet;

public class EventDemo4 extends Applet {

    public void init(){
```

```java
        //在 EventDemo2 对象上注册鼠标监听器
        this.addMouseListener(new MyMouseAdapeter());
        //在 EventDemo2 对象上注册鼠标移动监听器
        this.addMouseMotionListener(new MyMouseMotionAdapeter());
    }


    //MyMouseAdapter 类继承 MouseAdapter 类,从而进行相应的鼠标事件处理
    class MyMouseAdapter extends MouseAdapter {

        //单击鼠标时,调用该方法进行事件处理
        public void mouseClicked(MouseEvent e){
            showStatus("单击鼠标!");
        }

    }
//MyMouseMotionAdapter 类继承 MouseMotionAdapter 类,从而进行相应的鼠标拖动事件处理
    class MyMouseMotionAdapter extends MouseMotionAdapter {

        //拖动鼠标时,进行事件处理
        public void mouseDragged(MouseEvent e){
            showStatus("拖动鼠标!");
        }

    }

}
```

(4)采用匿名的内部类实现

```java
//<applet code=EventDemo5 width=200 height=200>
//</applet>

import java.awt.*;
import java.awt.event.*;
import java.applet.Applet;
public class EventDemo5 extends Applet {
    public void init(){
    //在 EventDemo2 对象上注册鼠标监听器 ,并进行事件处理
    this.addMouseListener(new MouseAdapter(){
        public void mouseClicked(MouseEvent e){
            showStatus("单击鼠标!");
        }
    });
    //在 EventDemo2 对象上注册鼠标拖动监听器,并进行事件处理
    this.addMouseMotionListener(new MouseMotionAdapter(){
        public void mouseDragged(MouseEvent e){
```

```
                showStatus("拖动鼠标!");
            }
        });
    }
}
```

3. 键盘事件处理

问题描述：以下是一个键盘事件处理程序，从键盘输入字符，在程序界面显示。运行效果如图 11-6 所示。把下列程序 EventDemo6.java 参照上述 EventDemo2.java ～ EventDemo5.java 程序代码也分别用适配器类、内部类与匿名的内部类这三种方式进行改写。

图 11-6　EventDemo6 运行效果

关于键盘事件的说明：

(1)当一个键被按下时，产生 KEY-PRESSED 事件，事件处理机制将调用 keyPressed() 方法进行事件处理；

(2)当一个键被释放时，产生 KEY-RELEASED 事件，事件处理机制将调用 keyReleased() 方法进行事件处理；

(3)当一个字符被按键产生，产生 KEY-TYPED 事件，事件处理机制将调用 keyTyped() 方法进行事件处理；

(4)如果程序需要处理特殊的键，比如方向键，那么必须通过调用 keyPressed() 这个事件处理方法来处理它们；

(5)程序在处理键盘事件之前，必须要获得输入焦点。通过调用 Component 类中的 requestFocus() 方法可以获得焦点。如果忽略了这一点，程序将不会获得任何键盘事件。

```
//<applet code=EventDemo6 width=200 height=200>
//</applet>

import java.awt. * ;
import java.awt.event. * ;
import java.applet.Applet;

public class EventDemo6 extends Applet implements KeyListener{

    String msg="";
    Font f;
```

```
public void init (){
    f＝new Font("Dialog"，1，30);
    addKeyListener (this);
    requestFocus();
}

public void paint(Graphics g){
    g. setFont(f);
    g. setColor(Color. blue);
    g. drawString(msg，30，30);
}

public void keyTyped(KeyEvent e){
    msg＋＝e. getKeyChar();
    repaint();
}

public void keyReleased (KeyEvent e){}

public void keyPressed (KeyEvent e){}

}
```

4.事件处理综合运用

对实验 10 中的简易文本编辑器添加相应事件处理。

(1)"文件"|"退出"菜单项的事件处理。其对话框效果如图 11-7 所示。

图 11-7 关闭程序的确认对话框

其事件代码如下：

```
jMenuFileExit. addActionListener(new ActionListener(){
    public void actionPerformed(ActionEvent e){ // 退出菜单的确认事件
        int val＝JOptionPane. showConfirmDialog(TextEditorFrame. this,"确定要退出吗?"，"文
                本编辑器"，JOptionPane. WARNING_MESSAGE);
        if(val＝＝JOptionPane. YES_OPTION){ System. exit(0); }
    }//end actionPerformed()
```

```
});//end addActionListener()
```

(2)"编辑"|"设置前景颜色"菜单项的事件处理。其对话框效果如图 11-8 所示。

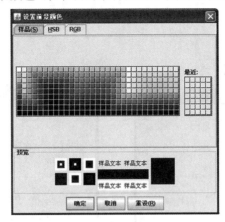

图 11-8 "设置前景颜色"对话框

其事件代码如下：

```
jMenuEditColor. addActionListener(new ActionListener(){
    public void actionPerformed(ActionEvent e){
        //显示"设置前景颜色"标题的对话框
        Color c = JColorChooser. showDialog(TextEditorFrame. this,"设置前景颜色", txtAr.
                getForeground());
        if (c ! = null){ txtAr. setForeground(c); }
    }
});
```

(3)"编辑"|"设置背景颜色"菜单项的事件处理。其对话框效果如图 11-9 所示。

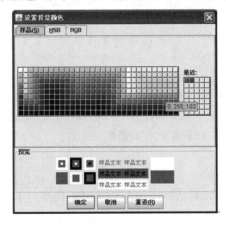

图 11-9 "设置背景颜色"对话框

其事件代码如下：

```
jMenuEditBColor. addActionListener(new ActionListener(){
    public void actionPerformed(ActionEvent e){
        //显示"设置背景颜色"标题对话框
```

```
        Color c = JColorChooser. showDialog(TextEditorFrame. this,"设置背景颜色",txtAr.
            getBackground());
        if (c ! = null){txtAr. setBackground(c);}
    }
});
```

(4)"编辑"|"设置字体"菜单项的事件处理。其对话框效果如图 11-10～图 11-12 所示。

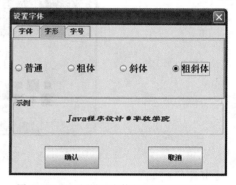

图 11-10　显示"设置字体"对话框的字体面板　　　　图 11-11　显示"设置字体"对话框的字形面板

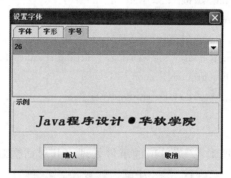

图 11-12　显示"设置字体"对话框的字号面板

其事件代码如下：

```
jMenuEditFont. addActionListener(new ActionListener(){
    public void actionPerformed(ActionEvent e){
        MyFontDialog dlg = new MyFontDialog(TextEditorFrame. this,"设置字体");
        dlg. show();//显示"设置字体"对话框
    }
});
```

(5)以下是对"设置字体"对话框中的各相关元素的事件处理。

①对"示例"中的样文进行设置

```
//setMyFont()方法用于对"示例"中的样文进行设置
//lst1 对象为"字体"列表对象
//pList 对象为"字形"中单选按钮对象
//lb 对象为"示例"中的样文的标签对象
public void setMyFont(){
```

```
    if( lst1. getSelectedValue()! = null && pList. getSelectedItem()! = null)
    {
        String fName=lst1. getSelectedValue(). toString();
        String fsty=pList. getSelectedItem(). toString();
        int fSize=Integer. parseInt(fsty);
        f=new Font(fName,fStyle,fSize);
        lb. setFont(f);
    }
}
```

②当用户选择"字体"列表项时,对"示例"中的样文进行设置,如图 11-10 所示。

```
lst1. addListSelectionListener(new ListSelectionListener(){
    public void valueChanged(ListSelectionEvent e){
        setMyFont();
    }
} );
```

③当用户单击"字形"单选按钮时,对"示例"中的样文进行设置,如图 11-11 所示。

```
jrb1=new JRadioButton("普通");
jrb1. addActionListener(new MyActionListener());//为"普通"字形按钮注册事件
jrb2. addActionListener(new MyActionListener());//为"粗体"字形按钮注册事件
jrb3. addActionListener(new MyActionListener());//为"斜体"字形按钮注册事件
jrb4. addActionListener(new MyActionListener());//为"粗斜体"字形按钮注册事件


    //"字形"单选按钮的事件处理
class MyActionListener implements ActionListener{
    public void actionPerformed(ActionEvent e){
        if(e. getSource()==jrb1){//单击"普通"按钮时,进行事件处理
            fStyle=0;                      //0 代表"普通"字形
            setMyFont();
        }
        else if(e. getSource()==jrb2){     //单击"粗体"按钮时,进行事件处理
            fStyle=1;                      //1 代表"粗体"字形
            setMyFont();
        }
        else if(e. getSource()==jrb3){     //单击"斜体"按钮时,进行事件处理
            fStyle=2;                      //2 代表"斜体"字形
            setMyFont();
        }
        else if(e. getSource()==jrb4){     //单击"粗斜体"按钮时,进行事件处理
            fStyle=3;                      //3 代表"粗斜体"字形
            setMyFont();
        }
    }
}
```

④当用户选择"字号"组合框时,对"示例"中的样文进行设置,如图11-12所示。

```
pList. addItemListener(new ItemListener(){
    public void itemStateChanged(ItemEvent e){
        setMyFont();
    }
});
```

⑤对"设置字体"对话框中的"确认"与"取消"按钮进行事件处理。当单击"确认"按钮后,对"文本编辑器"中的字体进行修改。

```
//注册并实现"确认"按钮事件
btn1. addActionListener(new ActionListener(){
    public void actionPerformed(ActionEvent e){
        tef. txtAr. setFont(f);//tef 为 TextEditorFrame 对象,txtAr 为文本编辑器的编辑区
        dispose();
    }
});

//添加并实现"取消"按钮事件
btn2. addActionListener(new ActionListener(){
    public void actionPerformed(ActionEvent e){
        dispose();
    }
});
```

11.4　实验总结

本实验着重介绍基于授权的事件处理模型,也就是通过实现监听器接口来处理事件,具体涉及事件源、事件与监听器这三个关键元素。读者首先必须找准事件源,在事件源上注册监听器,监听器则一直等待事件,一旦有事件传入,监听器将处理这些事件,然后返回。但是这种事件处理方式,有一个很大的弊端,它必须实现相应监听器接口中所有事件方法,当然也包括不需要进行事件处理的方法。为了避免这个问题,读者可以采用适配器类来处理事件,它实现并提供了监听器接口中所有的方法,但这些方法都是空方法,当只需接受和处理某部分事件时,可以只实现该部分事件,其他不需要处理的事件可以不用实现,这样可避免利用接口方式实现事件处理产生冗余代码。最后,读者也可利用内部类或匿名的内部类来处理事件并精简代码。

实验12

数据库编程

12.1 实验目的

1. 熟悉数据源的创建方法;

2. 能够通过 JDBC/ODBC 桥方式连接数据库,并进行查询、增删改操作;

3. 了解采用直接路径法操作 Access、Excel 的主要步骤;

4. 掌握使用 JDBC 连接 SQL Server 2000/2005 的关键步骤及注意事项;

5. 能够使用 MySQL 进行数据库操作:创建数据库、表,插入记录,通过 JDBC 连接、查询、修改数据库;

6. 了解"SQL 注入问题",编程时能予以防范;

7. 了解"预处理语句"的优点,并能正确使用;

8. 能够使用 Properties 属性集保存、获取数据库的连接参数。

12.2 相关知识点

1. Oracle 公司指定了两套 API 接口:

(1)应用程序开发者使用 JDBC 驱动 API,他们无须了解数据库底层的具体操作,就可以用"纯"Java 语言编写数据库应用程序;

(2)数据库供应商和工具开发商则使用 JDBC 驱动 API,尽管数据库的类型千差万别,但只要实现了 Drive 接口,并在 DriverManager 注册,Java 就能与数据库建立连接,进行查询、增删改操作。JDBC 驱动程序分成四种类型,有条件尽可能采用第三种和第四种。现在,JDBC 的典型用法是"三层结构",即:客户端、中间件层(业务逻辑)、数据库。

2. 数据库的类型多种多样,本实验主要介绍下列数据库系统的连接、操作:

(1)微软 Office 中的 Access、Excel:尽管它们不能称为严格意义上的数据库,但简单、实用,上手快捷;

(2)MySQL:它是一款多用户、多线程的开源的关系数据库服务器,具有小巧、功能齐全、查询迅捷等优点;

(3)SQL Server 2000/2005:这是微软提供的 Windows 平台上功能强大、操作简便的数据库系列产品;

(4)Oracle:这是当今功能最为强大的数据库产品之一,在业界享有很高赞誉。

3. 数据库的连接、操作通常包含如下步骤:

(1)若使用 JDBC/ODBC 桥方式,需要先创建数据源,例如:在 Windows 操作系统中,可通过菜单"开始"|"管理工具"|"数据源(ODBC)"来创建数据源;否则,跳过这一步。

(2)加载驱动程序,格式:Class. forName("驱动程序名称");不同数据库的驱动程序不同,例如:

①JDBC/ODBC 桥方式的驱动程序为"sun. jdbc. odbc. JdbcOdbcDriver";

②MySQL 的驱动程序是"com. mysql. jdbc. Driver";

③SQL Server 2000 的驱动程序为"com. microsoft. jdbc. sqlserver. SQLServerDriver";

④SQL Server 2005 的驱动程序为"com. microsoft. sqlserver. jdbc. SQLServerDriver";

⑤Oracle 的驱动程序为"oracle. jdab. driver. OracleDriver"。

说明:应先下载对应数据库系统的 JDBC 驱动程序,并安装在正确的位置上。

(3) 创建 Connection 对象,格式:Connection con = DriverManager. getConnection (url, "用户名","密码");,其中:url 由三部分构成,其格式为:协议:子协议:数据源名称,例如:

①JDBC/ODBC 桥为"jdbc:odbc:数据源名";

②MySQL 为"jdbc:mysql://数据库服务器 IP:端口号/数据库名称",默认端口号为 3306;

③SQL Server 2000 为:"jdbc:microsoft:sqlserver://数据库服务器 IP:端口号;DatabaseName=数据库名",默认端口号为 1433;

④SQL Server 2005 为:"jdbc:sqlserver://数据库服务器 IP:端口号;DatabaseName=数据库名",默认端口为 1433;

⑤Oracle 为"jdbc:oracle:thin:@数据库服务器 IP:端口号;",默认端口号为 1521。

(4)利用 Connection 对象生成 Statement 对象,格式为:Statement stmt = conn. createStatement( );。

(5)利用 Statement 对象执行 SQL 语句,如果是查询操作,格式为:ResultSet rs = stmt. executeQuery("Select 语句");,得到结果集,并跳至(6)处理;若是更新、插入、删除等,格式为:int n = stmt. executeUpdate("update、insert、delete 语句等");,n 为受影响的记录数;之后跳至(7)。

(6)若是执行查询语句,还需要从 ResultSet 中读取数据,利用结果集的 next()方法得到符合条件的某一记录,再用 getXxx(序号或列名);逐一得到记录的各字段值,不同数据类型调用的方法不同;这一过程可使用循环语句反复执行,直至符合条件的记录遍历完为止。

(7)调用 close()方法,按打开的相反顺序依次关闭 ResultSet、Statement、Connection 等对象。

需要指出的是:Java 将数据库连接、SQL 语句、结果集视为对象进行处理,应掌握 Driver、DriverManager、Connection、Statement、ResultSet 等相关的类或接口的功能及常用方法。

4. 设置 Connection 对象 createStatement()(或 prepareStatement())的有关参数,可将查询得到的结果集设置为可滚动的,这样可根据需要来回移动游标、定位记录;可更新的结果集,将它的数据变化自动反映到数据库中,调用方法是:updateXxx(),结果集中的 updateRow()、insertRow()和 deleteRow()方法的执行效果等同于 SQL 命令中的 UPDATE、INSERT 和 DELETE。

5. 将一组语句看作一个整体可构成一个事务,所有语句都顺利执行才能提交,否则,要进行回滚。默认情况下,数据库连接处于自动提交模式,每个 SQL 命令一旦被执行便被提交到数据库,可调用连接对象的 setAutoCommit(false)来设置手动提交方式,执行了所有命令之后,再调用 commit()方法;如果发现错误,调用 rollback()进行回滚。设置保存点(save point)是为了更好地控制回滚操作,定位或修改错误只需返回到这个点,而非事务的开头。批量更新可以提高程序性能,操作时通常要创建一个 Statement 对象,然后调用 addBatch()方法,再调用 executeBatch()方法提交整个批量更新语句。

6. Excel 是一种常用的电子表格,有多种方法可以读取其数据,也可用数据库方式访问:微软提供了一个 Excel 的 ODBC 驱动程序,因此,我们就可以使用 JDBC/ODBC 桥方式来读取 Excel 文件内容,Excel 文件相当于数据库,工作表相当于表,列名相当于字段名。不过,在 SQL 语句中要在工作表名后加 MYM 符号,并用方括号括住,例如:select * from [studentMYM] where 年龄=20;。

7. 用 JDBC/ODBC 桥方式连接 Access、Excel 时,如果不想创建数据源,就可以用直接路径法来代替,格式为:Connection con con = DriverManager. getConnection("jdbc: odbc:driver={microsoft access driver (*.mdb)};dbq="+ accessfile);。

(或 Connection con = DriverManager. getConnection("jdbc:odbc:driver={microsoft excel driver (*.xls)};dbq="+ excelfile);)

其中,accessfile、excelfile 分别是 Access、Excel 带绝对路径的文件名。

8. 预处理语句 PreparedStatement。

(1)问题的提出:当向数据库发送一条 SQL 语句,比如"Select * from students",数据库中的 SQL 解释器负责将 SQL 语句生成底层的内部命令,然后执行该命令,完成相关操作。如果不断地向数据库提交 SQL 语句,势必增加 SQL 解释器的负担,影响执行的速度。而假若应用程序能够事先就将 SQL 语句解释为数据库底层的内部命令,然后直接让数据库去执行这个命令,这样不仅减轻了数据库的负担,而且也提高了数据库操作效率。

(2)问题的解决:调用 Connection 对象的 prepareStatement(String sql)方法生成预处理语句对象,对 SQL 语句进行预编译处理,生成该数据库底层的内部命令。由于 SQL 语句是作为参数提供的,该语句所需值的位置是已知的,只要使用符号?来表示即可。运行时，? 用实际值取代。例如：

```
PreparedStatement ps = conn. prepareStatement("insert into table (col1,col2)values (?，?)");
ps. setInt(1,100);
ps. setString(2,"Dennis");
ps. execute();
```

9. "SQL 注入问题"的防范。

(1)什么是 SQL 注入问题? 在进行身份验证时，通常要输入"用户名"和"密码"，只有这两项内容同时正确，才认为是合法用户，否则为非法用户。为说明问题方便，假设数据表 users 中存放了用户信息，属性名分别为 username 和 password。现使用对话框来获取用户名和密码的输入值，并将结果存放至 String 类型的两个变量 id 和 pwd 中。通常构造如下 SQL 语句来判断输入数据是否正确(数据库中是否存在这样的记录):String sql ="select * from username='"+id+"' and password='"+pwd+"'";，如果有人对输入内容进行"特殊"设计，如图 12-1、图 12-2 所示。

图 12-1 输入用户名

图 12-2　输入密码

那么，字符串 sql 的内容为:select * from username='Messi' and password='yyy' or '1'='1'。不论用户名、密码是否正确，由于'1'='1'始终成立，结果为 true，且用 or 连接，故查询结果不为空。这种输入特殊代码、非法闯入的做法就是"SQL 注入"。由此可见，SQL 注入会带来安全隐患，编程时应尽力避免。

(2)防范"SQL 注入问题"有多种方法，现列举常用的几种:①对输入内容进行检查，不允许出现单引号(' ')、双引号(" ")及 or、and 等字符或字符串。②将输入的用户名和密码分开验证，即先查询用户名为输入内容的记录是否存在? 如果不存在，则一定为非法用户;若存在，需进一步判定所对应的密码内容与输入密码是否一致? 如果相同即是合法用户;否则，为非法用户。③采用预处理语句 PreparedStatement，而不是 Statement 来构造 SQL 语句。

10. 数据库连接时要用到的参数有:加载的驱动程序、URL、用户名、密码等。如果将这些参数固定在程序中，会显得不够灵活。通过命令行参数方式提供，有些麻烦。一种比较好的办法是写在文本文件中，这样修改、使用都很方便。Properties(属性集)是一种特殊类型的 Map 结构，它的关键字与值都是字符串，既可以用文件保存，也可以从文件中装入，非常适合存储数据库参数。其使用步骤如下:

(1)将有关参数写入属性集中，左边为参数名，右边为参数值，中间用"="连接。例如:

文件名为 driver. properties，内容如下:

```
drivers= com. microsoft. sqlserver. jdbc. SQLServerDriver
url= jdbc:sqlserver://172.16.42.234:1433;DatabaseName=software
user=corejava
```

password＝javacore

（2）调用 Properties 类的有关方法获得参数。程序代码如下：

```
Properties prop = new Properties();
try{
    FileInputStream in = new FileInputStream("driver. properties");
    prop. load(in);

    String driver = prop. getProperty("drivers");
    url = prop. getProperty("url");
    userName = prop. getProperty("user");
    password = prop. getProperty("password");
}catch(FileNotFoundException e){
    e. printStackTrace();
}catch(IOException e){
    e. printStackTrace();
}
```

（3）连接、操作数据库。

12.3 实验内容与步骤

1. 现有一个 Access 数据库：学生资料.mdb，该数据库只有一个表：students，字段有：学号(String),（主键）；姓名（String）；性别（String）；年龄（int）；专业（String）；宿舍（String），如图 12-3 所示。

学号	姓名	性别	年龄	专业	宿舍
0840112109	刘瑞斌	男	20	软件工程(软件开发)	红棉楼 R511
0840112110	司徒鑫	男	22	软件工程(软件开发)	红棉楼 R511
0840112111	叶跃龙	男	21	软件工程(软件开发)	红棉楼 R512
0840112112	唐伟强	男	20	软件工程(软件开发)	红棉楼 R512
0840112113	莫秀江	男	21	软件工程(软件开发)	红棉楼 R512
0840112115	宁仁强	男	21	软件工程(软件开发)	绿杨楼1 G232
0840112116	冀俊宏	男	20	软件工程(软件开发)	红棉楼 R513
0840112117	林伟龙	男	20	软件工程(软件开发)	红棉楼 R513
0840112118	方崭东	男	21	软件工程(软件开发)	红棉楼 R513
0840112120	陈航	男	20	软件工程(软件开发)	红棉楼 R510

图 12-3 Access 中学生信息

请按下列步骤操作，以访问数据库的内容。

（1）单击"开始"/控制面板/管理工具/数据源（ODBC）"，创建 myaccess 数据源。

（2）根据注释，填写程序所缺的代码，以显示"年龄为 20 岁的学生信息"。

```
import _____; //导入 java. sql 包中的所有类

public class QueryTest {
    public static void main(String[] args){

        String url = "_____";// 根据数据源，设置数据库 URL
```

```
String userName = "";// 登录数据库用户名
String password = "";// 用户密码
_____ conn = null;// 声明 Connection 对象
_____ stmt = null;// 声明 Statement 对象


try {
    // 加载 JDBC-ODBC 驱动程序
    Class. _____("sun. jdbc. odbc. _____");
    // 创建连接
    conn = DriverManager. _____(url, userName, password);
    // 通过 Connection 对象,创建 Statement 对象
    stmt = conn. _____();


    // 执行查询"年龄为 20 岁的学生信息"的 SQL 语句,得到结果集
    _____ rs = stmt. _____("select * from students where _____");


    // 通过循环输出相关学生信息
    System. out. println("学号" + "\t\t 姓名" + "\t 性别" + "\t 年龄" + "\t 专业"
        + "\t\t 宿舍");
    while (rs. _____()){
        String id = rs. getString("学号");
        String name = rs. _____("姓名");
        String sex = rs. getString("性别");
        int age = rs. _____("年龄");
        String major = rs. getString("专业");
        String dormitory = rs. getString("宿舍");


        System. out. println(id + "\t" + name + "\t" + sex + "\t" + age
            + "\t" + major + "\t" + dormitory);
    }


    rs. _____();// 关闭结果集
    stmt. close();
    conn. close();
} catch (SQLException e){
    e. printStackTrace();
} catch (ClassNotFoundException ex){
    ex. printStackTrace();
}
}
}
```

(3)如果要将 Java 应用程序移植到其他机器上运行,采用"数据源"方式就需要重建

数据源,操作不够方便。改进方法:不建立数据源,而在"创建连接对象"中直接指定驱动程序名称和文件位置,例如:

Connection con = DriverManager. getConnection("jdbc:odbc:driver={microsoft access driver(*.mdb)};dbq=e:/mydb/….mdb");

请复制 QueryTest. java 程序,生成 QueryTest2. java,然后根据你所操作机器的 mdb 文件路径修改 QueryTest2. java,看一看采用"直接指定驱动程序名称和文件位置"方法访问数据库,结果是否一样? 从中你能得出什么结论?

(4)请复制 QueryTest. java 或 QueryTest2. java 生成 Update. java 程序,插入一条记录:

1234567890	张三	男	19	网络设计	绿杨楼 G1234

然后查看数据库,看看操作是否成功? 再将其专业修改为:软件工程;最后将该记录删除。

问题:

①请总结 JDBC 连接数据库的主要步骤? 如何查询数据库?

②采用 JDBC/ODBC 桥方式有什么优点、不足?

③若要使用在"创建连接对象"中直接指定驱动程序名称和文件位置方法访问数据库,请问该如何操作?

④将连接、查询代码写在一起,阅读、操作是否方便?

2. 现有一个与上一题内容相似的 Excel 文件:学生资料. xls,工作表名为 students,列名为:学号、姓名、性别、年龄、专业、宿舍,如图 12-4 所示。

	A	B	C	D	E	F
1	学号	姓名	性别	年龄	专业	宿舍
2	0840112101	王思博	男	19	软件工程(软件开发)	红棉楼 R513
3	0840112102	陈少滨	男	20	软件工程(软件开发)	红棉楼 R510
4	0840112103	李钧	男	20	软件工程(软件开发)	绿杨楼1 G232
5	0840112104	陈杰鹏	男	20	软件工程(软件开发)	红棉楼 R510
6	0840112105	袁伟良	男	21	软件工程(软件开发)	红棉楼 R511
7	0840112106	李炫达	男	20	软件工程(软件开发)	红棉楼 R510
8	0840112107	胡宏健	男	20	软件工程(软件开发)	红棉楼 R511
9	0840112108	张锦秀	男	21	软件工程(软件开发)	绿杨楼1 G232
10	0840112109	刘瑞斌	男	20	软件工程(软件开发)	红棉楼 R511

图 12-4　Excel 中学生信息

其实,可以将 Excel 文档看作数据库,这样就能通过 JDBC/ODBC 桥方式访问数据库:

(1)请创建一个对应此 Excel 文档的数据源 myexcel,然后复制 QueryTest. java,生成 QueryTest3. java 文件,再修改 QueryTest3. java 的数据源为 myexcel,看一看能否访问数据库。(请注意:表名用[工作表名 MYM]表示)

(2)请复制 QueryTest3. java 文件生成 QueryTest4. java,也采用在"创建连接对象"中直接指定驱动程序名称和文件位置,例如:

Connection con = DriverManager. getConnection("jdbc:odbc:driver={microsoft excel driver (*.xls)};dbq=e:/mydb/….xls");

问题：用 JDBC/ODBC 访问 Excel 文档，与 Access 相比有什么异同？

3. 假设在服务器 172.16.42.234 上有一个 SQL Server 2005 数据库：software，包含一个表：myjava，该表字段如图 12-5 所示。

	列名	数据类型	允许空
▶🔑	num	nchar(10)	☐
	name	varchar(50)	☐
	password	varchar(50)	☐
	pclass	nvarchar(10)	☐
	mobile	nvarchar(15)	☑
	email	varchar(50)	☑

图 12-5　表的字符信息

num 为学生学号，password 初始值也为学号。访问该数据库的用户名、密码均为：java2，具有读、写权限。

请按下列步骤操作，以验证来访者是否为合法用户：

(1) 在项目添加 SQL Server 2005 驱动程序。

(2) 填写 SQL2005DB.java 程序所缺的代码，以验证来访者是否为合法用户。

```java
//连接 SQL Server 2005 数据库,进行身份验证
import java.sql.*;
import javax.swing.*;//导入 javax.swing 包中的类

class MyDB {
    private Connection con = null;
    private Statement stmt = null;
    private static final String drivername ="    (1)    .microsoft.    (2)    .jdbc.    (3)    ";
    private static final String url ="    (4)    :    (5)    ://172.16.42.234:    (6)    ;
DatabaseName=    (7)    ;user=java2;password=    (8)    ";

    public MyDB(){
        // 连接数据库
        try {
            // 登录 JDBC-ODBC 驱动程序
            Class.    (9)    (drivername);
            con = DriverManager.    (10)    (url);
            stmt = con.    (11)    ();
        } catch (Exception e){
            e.printStackTrace();
        }
    }
```

```java
public boolean query(String id，String password){// 查询指定的学生是否存在
        boolean result = false;
        try {
        String sql = "select * from javaii where num='" + id
            + "' and password='" + password + "'";
                ResultSet rs = stmt.____(12)____(sql);
                if (! rs.____(13)____){
                    result = false;
                } else {
                    result = true;
                }
                rs.close();
        } catch (SQLException e){
                e.printStackTrace();
                }
                return result;
        }
}


// 主类
public class SQL2005DB {
    public static void main(String[] args){
        MyDB mydb = new MyDB();
        boolean result = false;

        String id，pwd;
        id = JOptionPane.showInputDialog("请输入用户名:");
        JPasswordField pwd_field = new JPasswordField();
        JOptionPane.showConfirmDialog(null，pwd_field，"请输入密码:"，JOptionPane.OK_
CANCEL_OPTION，JOptionPane.QUESTION_MESSAGE);//设置包含密码框的确认框
        pwd = new String(pwd_field.getPassword());

        result = mydb.query(id，pwd);// 通过验证是否为合法用户
        if (! result){
            JOptionPane.showMessageDialog(null，"你不是合法用户!");
        } else {
            JOptionPane.showMessageDialog(null，"你是合法用户!");
        }
        System.out.println("程序运行完毕!");
        }
}
```

(3)按理说,只有用户名、密码完全正确才能是合法用户。但下列操作却可以在不知道密码的情况下"骗过"系统:

①在已知用户名情况下,输入用户名:$0840123456'$ or$'1'='1$,密码:任意

②在不知道用户名情况下,输入用户名:xyz$'1'='1'$or$'1'='1$,密码:任意

请查找程序存在的漏洞,为什么可以非法闯入系统?

(4)将 SQL2005DB.java 程序复制生成 SQL2005DB2.java,将 MyDB 类改名为 My-DB2,修改 query()方法,采用用户名、密码分开检验方法,以避免 SQL 注入问题。

(5)将 SQL2005DB.java 程序复制生成 SQL2005DB3.java,将 MyDB 类改名为 My-DB3,使用"预处理语句"修改 query()方法,以避免 SQL 注入问题。

问题:

①用驱动程序连接 SQL Server 2005 与 JDBC/ODBC 方式相比,有什么异同点?

②什么是"SQL 注入问题"? 如何防范?

③使用"预处理语句"有什么优势? 操作步骤有哪些?

4. 请用 MySQL 建立一个数据库 mybooks,其中包含一个表:books,该表字段有:IS-BN(ISBN 号)、书名(bookname)、作者(authors)、出版社(publishing_house)、价格(price),并输入若干条记录。然后设计一个图形界面,上方输入 SQL 语句(增、删、改),单击"执行 SQL"按钮执行,下方用 JTable 组件显示 books 表中的所有记录,如图 12-6所示。

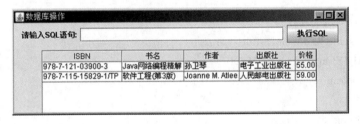

图 12-6 数据库操作

5. 请根据下列要求,编写一个数据库操作的通用类 DB,能实现数据库连接、查询、增删改操作功能。

(1)数据库加载的驱动程序、URL、用户名、密码等参数,存放在属性集 mydriver.properties 中。

(2)在构造方法中获取参数,连接数据库。

(3)包含如下方法:

①public Statement getStmtread():用于查询的 SQL 语句

②public ResultSet getRs(String sql):获得 ResultSet

③public int getRowCount(String strSql):获得查询的记录数

④public Statement getStmt():用于增、删、改的 SQL 语句

⑤public int update(String sql):进行增、删、改操作

⑥public synchronized void close():关闭操作

12.4 实验总结

在 Java 编程中,数据库操作是非常重要又较为烦琐的一个环节,说它重要是因为信息的存储很多时候需要使用数据库,掌握数据库的连接、查询、增删改操作是基本要求;说它烦琐是因为数据库操作涉及的内容多,如:数据库的类型千差万别、操作步骤多、相关技术也不少。但不管怎样,先应掌握基本操作,然后才能学习高级技术,并在实践中不断比较、体会。

实验13

多线程与网络编程

13.1 实验目的

1. 理解线程的概念；

2. 熟练掌握线程的两种创建方式；

3. 理解线程的生命周期；

4. 掌握线程各状态控制；

5. 了解线程间的同步与通信；

6. 了解多线程类的应用；

7. 了解网络编程的基本概念；

8. 了解 URL 类的使用；

9. 掌握 InetAddress 类的使用；

10. 理解 TCP 通信的基本模式；

11. 熟练运用 Socket 类和 ServerSocket 类进行 TCP 编程；

12. 理解 UDP 通信的基本模式；

13. 熟练运用 DatagramPack 类和 DatagramSocket 类进行 TCP 编程。

13.2 相关知识点

1. 线程是程序中的一个单独的控制流,不能依靠自身单独运行,而必须依赖程序,在程序中执行。线程拥有独立的执行控制,由操作系统负责调度。

2. 线程的创建包括两方面:一是定义线程体;二是创建线程对象。线程的行为由线程体决定,线程体是由 run()方法定义的,运行系统通过调用 run()方法实现线程的具体行为。我们通常可以通过继承类 Thread 和实现 Runnable 接口这两种方法来创建线程。

(1)继承 Thread 类创建线程,其具体编码步骤为:

①创建一个继承 Thread 的子类 ThreadSubclassName,并重写 run()方法。其一般格式为:

```
public class ThreadSubclassName extends Thread {
    public ThreadSubclassName(){
        ……//编写子类的构造方法,可默认
    }
    public void run(){
        ……//编写自己的线程代码
    }
}
```

②创建线程对象。用定义的线程子类 ThreadSubclassName 创建线程对象:

ThreadSubclassName ThreadObject=new ThreadSubclassName();

③启动该线程对象表示的线程:

ThreadObject. start();

说明:其中第②与第③步可合并,缩写代码,表示为:

new ThreadSubclassName(). start();

(2)实现 Runnable 接口创建线程,其具体的编码步骤如下:

①创建一个实现 Runnable 接口的类:

```
public class SubclassName implements Runnable{
    public SubclassName(){……}
    public void run(){
    ……// 编写自己的线程代码
    }
}
```

②创建线程对象。将该类的对象作为 Thread 类的构造方法的参数,生成 Thread 线程对象:

Runnable a=new SubclassName("A");

Thread t=new Thread(a);

(或 Thread t=new Thread(new SubclassName("A"));)

③启动该线程对象表示的线程：

t. start()；//启动线程

说明：其中第②与第③步可合并，缩写代码，表示为：

new Thread(new SubclassName("A")). start()；

3. 所谓线程的生命周期，是指线程从创建之初到运行完毕的整个过程。具体包括五种状态：新生（New）状态、可运行（Runnable）状态、运行（Running）状态、阻塞（Blocked）状态、死亡（Dead）状态。其生命周期图如图 13-1 所示。

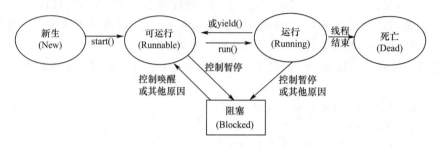

图 13-1　线程的生命周期

4. 线程各种状态的控制转换。

（1）线程刚通过构造方法被创建时即处于新生（New）状态。

（2）通过 start()方法启动线程后，线程进入可运行（Runnable）状态，位于一个等待池中等待 Java 虚拟机的调度程序将其调入 CPU 运行。

（3）调度程序将线程调入 CPU，开始执行 run()方法，此时线程处于运行（Running）状态。

（4）线程在运行期间，若出现某种原因使其停止运行而退出 CPU，调度程序将保存线程的运行现场（如已经运行到何处），并将其转为可运行（Runnable）状态或阻塞（Blocked）状态。

（5）调用 yield()方法，可让线程从运行（Running）状态转为可运行（Runnable）状态。

（6）若调用了某些控制暂停的方法，则线程转为阻塞（Blocked）状态，并在调用相应的退出阻塞状态的方法后转为可运行（Runnable）状态。

（7）在 run()方法执行完毕，或通过 return 语句从 run()方法直接返回，或产生未被捕捉的异常时，线程将结束并转为死亡（Dead）状态，此后线程对象将被清除内存。

5. 为了避免对象在内存中的数据资源产生冲突，Java 提供了线程同步机制，这套机制就是 synchronized 关键字，用于修饰可能引起资源冲突的方法。Java 中的每个对象都拥有一把锁，用于锁定对象（对象的所有数据）。当调用对象中任何一个被 synchronized 修饰的方法时，该对象都会被锁住，在该方法执行完毕或因某种原因（如产生异常）退出之前，该对象中其他被 synchronized 修饰的方法都无法再被调用。synchronized 包括两种用法：synchronized 方法和 synchronized 块。

（1）synchronized 方法：通过在方法声明中加入 synchronized 关键字来声明 synchronized 方法，如：

public synchronized void put(int value){/ * … * /}；

（2）synchronized 块：通过 synchronized 关键字来声明 synchronized 块，其语法如下：

synchronized(syncObject){ //访问关键数据的代码段 }

其中小括号里的参数用于指定同步代码段与对象 syncObject（可以是类实例或类）的锁相关联。

6. 多线程类的应用。线程在界面设计（Applet 或 GUI 设计）和网络中都有较多的应用，一些系统开销很大的并发进程程序也可以修改为多线程程序，以节省系统资源。

7. URL（Uniform Resource Locator，统一资源定位器）是一种在 Internet 的 WWW 服务程序上用于指定资源位置的表示方法，这个资源可能只是一个简单的文件或目录，也可能是复杂对象。URL 有两种常见的格式：

（1）协议名://主机[:端口]/路径，如：ftp://192.168.31.224:21/软件系/

（2）协议名://用户名:密码@主机[:端口]/路径，如：ftp://download:123456@192.168.31.224:21/软件系/

java.net.URL 最常见的构造方法有三个：

（1）public URL(String spec)//根据 String 表示形式创建 URL 对象

（2）URL(String protocol，String host，String file)//根据指定的 protocol 名称、host 名称和 file 名称创建 URL

（3）URL(String protocol，String host，int port，String file)//根据指定的 protocol 名称、host 名称、port 号和相对于访问根目录的文件 file 创建 URL 对象

通过 URL 对象的 getFile()、getHost()、getPort()和 getProtocol()等方法可以获取 URL 的各个部分。

8. InetAddress 类用来获取远程系统的 IP 地址，它包含与 Java 网络编程相关的许多变量和方法。InetAddress 类没有构造方法，创建类的实例可以使用以下的静态（static）方法。

（1）static InetAddress getLocalHost()//获得本机 IP 地址

（2）static InetAddress getByName(String host)//根据主机名或字符串型 IP 地址生成 InetAddress 对象

（3）static InetAddress[] getAllByName(String host)//用于一个主机名对应多个 IP 地址

InetAddress 对象的方法有：

（1）String getHostAddress()//获取 InetAddress 对象的字符串型 IP 地址

（2）String getHostName()//获取 InetAddress 对象的主机名

（3）byte[] getAddress()//返回 InetAddress 对象的 IP 地址到一个字节数组中

（4）boolean isMulticastAddress()//判断 InetAddress 对象是否是一个 IP 多点传送地址

9. TCP 通信的基本模式。

TCP（Transfer Control Protocol，传输控制协议）是面向连接的，即它在客户端和服务器之间建立一条实际的连接线路，数据在这条线路中传输，就像电话与电话之间通过实际的连接线路通话一样。在 Java 网络编程中，TCP 协议编程主要是指服务器与客户端之间请求应答方式的连接通信。其连接过程如图 13-2 所示。该通信模型首先在客户端和

服务器之间定义一套通信协议,并创建一个 Socket(套接字)类,利用这个类建立一条可靠的链接;然后,客户端/服务器再在这条连接上可靠地传输数据。客户端发出请求,服务器监听来自客户端的请求,并为客户端提供响应服务,这就是典型的"请求-应答"模式。

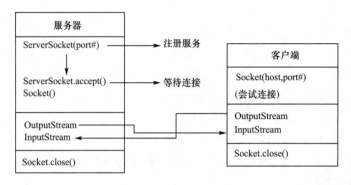

图 13-2 TCP 通信的基本模式

进行网络通信的四个主要步骤如下:

(1)服务器端 ServerSocket 绑定于特定服务端口,即服务器侦听端口,等待客户端连接请求。

(2)客户端向服务器的特定端口提交连接请求。

(3)若服务器接收到客户端的连接请求,则产生一个 socket 连接,由此 socket 连接来处理和客户端的交互。

(4)服务器继续侦听端口,接收其他客户端的连接请求。

10. ServerSocket 类:用于通信,创建一个服务器端的端口。其构造方法为:ServerSocket(int port)throws IOException,其他方法有:

(1)Socket accept()throws IOException//侦听并接收客户端的连接要求,返回服务器与客户端的 Socket 连接对象

(2)void close()throws IOException//关闭端口

11. Socket 类:用于通信,创建一条可靠的连接。其构造方法为:

Socket(InetAddress ad, int port)throws IOException//创建一个连接,参数为指定主机和端口号

其他方法有:

(1)InputStream getInputStream()//返回 Socket 对象的输入流

(2)OutputStream getOutputStream()//返回 Socket 对象的输出流

利用该连接上的输入流与输出流,可进行数据传输。

12. TCP 编程。

(1)服务器端:①用 ServerSocket 类创建服务端口号;②调用 accept()方法监听端口,若有客户端的请求,则与客户端建立 socket 连接;③在 socket 连接上获得输入流与输出流。如:

ServerSocket ss = new ServerSocket(2345);// 创建服务端口

Socket sock = ss. accept();//监听端口

BufferedReader in ＝ new BufferedReader(new InputStreamReader(sock. getInputStream()));//获得输入流

PrintStream out ＝ new PrintStream(sock. getOutputStream());//获得输出流

（2）客户端：①根据服务器 IP 和端口号，创建 socket 连接；②在 socket 连接上获得输入流与输出流。如：

Socket sock ＝ new Socket("127. 0. 0. 1", 2345);// 创建 socket 连接

BufferedReader in ＝ new BufferedReader(new InputStreamReader(sock. getInputStream()));//获得输入流

PrintStream out ＝ new PrintStream(sock. getOutputStream());//获得输出流

13. TCP 通信的基本模式。

UDP(User Datagram Protocol,用户数据报协议)是无连接的,采用数据报文的方式,发送端将一批数据打包成一个数据报文,发送到网络上,而这些数据报文由网络中的路由器负责传输到数据接收端。其连接过程如图 13-3 所示。

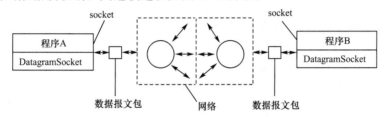

图 13-3　UDP 通信模式

服务器和客户端都拥有一个 DatagramSocket 对象监听某个端口是否有数据报文包送到。客户端的 DatagramSocket 对象向服务器发送一个带有客户端机器 IP 地址和端口号信息的数据报文包,服务器的 DatagramSocket 对象在其监听的端口发现有数据报文包送到,就接收这个数据报文包,从这个数据报文包中获取客户端机器的 IP 地址和端口号后,就可以向客户端发送其他数据报文包,其中数据报文包通过类 DatagramPacket 表示。

14. DatagramSocket 类表示用来发送和接收数据报文包的套接字。数据报文包的套接字是包投递服务的发送或接收点。

15. DatagramPacket 用于表示数据报文包,DatagramPacket 对象中包含发送数据报文包的机器和目的机器的 IP 地址和端口号,以及要传送的数据。

16. UDP 编程。

（1）发送数据：①用 DatagramPacket 类将数据打包；②然后用 DatagramSocket 类的不带参数构造方法创建对象,该对象负责发送数据包。如：

byte buffer[]="你好!". getBytes();

InetAddress add＝InetAddress. getByName("localhost");

DatagramPacket data_pack＝new DatagramPacket(buffer,buffer. length,add,1234);

（2）接收数据包：①用 DatagramSocket 类创建一个接收数据的端口；②使用 receive(DatagramPacket pack)接收数据包。如：

byte data[]＝new byte[8192];

//预备一个用于接收数据的数据包

DatagramPacket pack＝new DatagramPacket(data,data. length);

mail_data. receive(pack);

//读取接收到的数据包的数据

String msg＝new String(pack. getData(),0,pack. getLength());

13.3　实验内容与步骤

1. 线程的创建与使用

MyThread1.java 是继承 Thread 的线程类，MultiThreadExample1.java 为运行主类。阅读并调试下面代码。

```java
//程序分别打印线程 A、线程 B、线程 C 三次
public class MultiThreadExample1 {
    public static void main(String args[]){
        MyThread1 t1 = new MyThread1("A");// 创建线程对象 t1
        MyThread1 t2 = new MyThread1("B");// 创建线程对象 t2
        MyThread1 t3 = new MyThread1("C");// 创建线程对象 t3
        t1. start();// 启动线程 t1,执行 run()方法
        t2. start();// 启动线程 t2,执行 run()方法
        t3. start();// 启动线程 t3,执行 run()方法
    }//end main()
} //end class MultiThreadExample1

class MyThread1 extends Thread {// 定义线程类 MyThread1,必须继承类 Thread
    String name;

    public MyThread1(String n){
        name = n;
    }
    public void run(){// 线程执行主体
        for (int i = 0; i < 3; i++){
        try {
            Thread. sleep((long)Math. random() * 1000);
        } catch (InterruptedException e){
            e. printStackTrace();
        }
        System. out. println("访问:" + name);
        }//end for
    }//end run()
}//end class MyThread1
```

要求：请用 Runnable 接口方式创建线程。MyThread2. java 为实现 Runnable 接口的线程类，MultiThreadExample2. java 为运行主类。

2. 线程间的同步与通信

以下是一个典型的生产者、消费者问题。只有生产者生产数据后,消费者才能获取数据。该程序涉及以下几个类文件:

(1)Box 类:用于存放数据;

(2)生产者类:用于生产数据;

(3)消费者类:用于获取数据;

(4)生产者消费者测试类:程序运行的主类。

```java
//Box 对象用来存放数据
public class Box {
    private int value;
    public void put(int value){// 存放数据
        this. value = value;
    }
    public int get(){// 取出数据
        return this. value;
    }
}


public class 生产者 extends Thread {//生产者对象产生数据
    private Box box;
    private String name;
    public 生产者(Box b, String n){
        box = b;
        name = n;
    }
    public void run(){
        for (int i = 1; i < 6; i++){
            box. put(i);// 存放数据 i 到 box 对象
            System. out. println("生产者" + name + "生产产品:" + i);
            try {
                sleep((int)(Math. random() * 100));
            } catch (InterruptedException e){
                e. printStackTrace();
            }
        }
    }
}


public class 消费者 extends Thread {//消费者对象获取数据
    private Box box;
```

```
        private String name；
        public 消费者(Box b, String n){
            box = b;
            name = n;
        }
        public void run(){
            for (int i = 1; i < 6; i++){
                box. get();// 从 box 对象中取出数据 i
                System. out. println("消费者" + name + "取得产品:" + i);
                try {
                    sleep((int)(Math. random() * 100));
                } catch (InterruptedException e){
                    e. printStackTrace();
                }
            }
        }
    }


public class 生产者消费者测试 {//主类
    public static void main(String args[]){
        Box box = new Box();
        生产者 p = new 生产者(box, "001");// 创建生产者 001,向 box 对象中存放数据
        消费者 c = new 消费者(box, "002");// 创建消费者 002,向 box 对象中获取数据
        p. start();
        c. start();
    }
}
```

要求:生产者线程 p 与消费者线程 c 是两个独立的线程,没有同步,处于一个资源竞争的状态。请利用 Java 线程的同步机制,解决生产者与消费者的资源共享问题。

3. 线程的应用

(1)在 GUI 程序中使用线程

以下程序功能是在界面显示系统时间,每隔一秒刷新一次。其中 TimerExp 为界面程序类,myTimer 为线程类。请在(1)~(5)区域内补充合适代码,使程序能正常运行。运行效果如图 13-4 所示。

图 13-4　动态地显示系统时间

```
import javax.swing.*;
import java.awt.*;
import java.awt.event.*;
import java.util.*;
import java.text.*;

public class TimerExp extends JFrame {

    JLabel timer;

    public TimerExp(){
        super("时间");
        Container c = getContentPane();
        c.setLayout(new FlowLayout());
        timer = new JLabel("                    ");
        c.add(timer);
        _____(1)_____;// 创建线程对象
        _____(2)_____;// 启动线程对象

        this.setSize(200, 100);
        setDefaultCloseOperation(WindowConstants.EXIT_ON_CLOSE);
    }

    public static void main(String args[]){
        (new TimerExp()).setVisible(true);
    }

}

class myTimer_____(3)_____ {// 该 myTimer 类为线程类
    TimerExp tb;

    myTimer(TimerExp tb){
        this.tb = tb;
    }

    _____(4)_____ {// 线程运行主体
        while (true){
            _____(5)_____;// 该线程休眠 1000 毫秒
```

```
SimpleDateFormat dateformat = new SimpleDateFormat("hh:mm:ss");
String s = dateformat.format(new Date());
tb.timer.setText(s);
        }
    }
}
```

（2）在小应用程序（Applet）中使用线程

以下程序功能是在 Applet 上显示系统时间，每隔一秒刷新一次。其中 ClockApplet 为 Applet 小应用程序，MyClockThread 为线程类。请在（1）～（6）区域内补充合适代码，使程序能正常运行。运行效果如图 13-5 所示。

图 13-5 在 Applet 上动态显示系统时间

```
//<applet code=ClockApplet width=180 height=80>
//</applet>
import java.awt.*;
import java.applet.*;
import java.util.Date;
import java.text.*;
public class ClockApplet extends Applet {
        _____(1)_____;  //声明线程对象
    Font font;

    public void init(){
        font=new Font("TimesRoman",Font.BOLD,32);
    }

    public void start(){
        _____(2)_____;  //创建线程对象
        _____(3)_____;  //启动线程对象
    }

    public void paint(Graphics g){
        g.setFont(font);
```

```
        g. setColor(Color. red);
        SimpleDateFormat dateformat=new SimpleDateFormat("hh:mm:ss");
        String s=dateformat. format(new Date());
        g. drawString(s,5,50);
    }

    public void stop(){
        _____(4)_____;//暂停线程
    }
}
class MyClockThread_____(5)_____{// MyClockThread 为线程类

    ClockApplet ca;

    MyClockThread(ClockApplet ca){
        this. ca=ca;
    }

    public void run(){//线程运行主体
        while(true){
            ca. repaint();
            try {
                _____(6)_____;
            } catch (InterruptedException e){
                e. printStackTrace();
            }// 该线程休眠 1000 毫秒
        }
    }
}
```

(3)综合应用

以下是一个计时器程序,运用可视化编程技术(GUI),在窗体上显示一个计时器,通过单击按钮可以控制开始计时、暂停计时和停止计时。初始化运行效果如图 13-6 所示。当用户单击"开始计时"按钮,则"暂停计时"与"停止计时"均为可用,当用户单击"暂停计时",则显示如图 13-7 所示界面。

图 13-6　计时器初始化界面

图 13-7　计时器开始计时界面

该程序功能的实现,涉及两个类:

①CalculagraphThread. java 是一个计数线程,采用一个布尔变量的暂停标志,在 run()方法的循环体中通过这个暂停标志的取值判断是否暂停该线程。这是暂停其他线程的常用技巧。

②CalculagraphFrame. java 是一个界面类,用于控制计时,包括开始计时、暂停(继续)计时、停止计时。

```java
import javax. swing. * ;
public class CalculagraphThread extends Thread {
    private JLabel label;                        //显示计时的文本标签
    private int centisecond = 0;                 //百分之一秒(厘秒)
    private int second = 0;                       //秒
    private int minute = 0;                       //分
    private int hour = 0;                         //小时
    private boolean endSign = false;             //结束标志,false 表示未结束计时
                                                 //true 表示结束计时
    private boolean waitSign = false;            //等待标志,false 表示未等待状态
                                                 //true 表示处于等待状态

    public CalculagraphThread(JLabel label){
        this. label = label;
        _____(1)_____;                     //启动线程
    }


    //结束计时
    public synchronized void end(){
        _____(2)_____;
    }


    //设置计时
    private synchronized void setTimes(){
    String text = "";
        //拼接小时、分、秒和厘秒作为计时显示
    if(hour<10)
        text+ ="0"+hour;
    else
        text+ =hour;
    text += ":";
    if(minute<10)
        text+ ="0"+minute;
    else
        text+ = minute;
```

```
    text +=":";
    if(second<10)
        text+="0"+second;
    else
      text+=second;
    text +=":";
    if(centisecond<10)
        text+="0"+centisecond;
    else
        text+=centisecond;
        _____(3)_____;                    //设置计时显示文本标签的现实内容
}


//暂停计时线程
public synchronized void forWait(){
        _____(4)_____;
}


//唤醒计时线程
public synchronized void forNotify(){
        _____(5)_____;
}


public void run(){
    while(! endSign){                       //若结束标志为false,则反复执行
        _____(6)_____  {
        try{
            sleep(10);                      //本线程休眠10毫秒
            if(waitSign)
                wait();                     //若暂停标志为true,则暂停本线程
        }catch(InterruptedException e){
            e. printStackTrace();
        }
        //若厘秒值超过99,则厘秒归零,秒递增
        if((++centisecond)>99){
            centisecond = 0;
            second++;
        }
        //若秒值超过59,则秒归零,分递增
        if(second>59){
            second=0;
            minute++;
```

```
                }
                //若分值超过 59,则分归零,小时递增
                if(minute>59){
                    minute = 0;
                    hour++;
                }
                //若小时超过 99,则小时归零
                if(hour>99){
                    hour = 0;
                }
            }//end synchronized
        setTimes();
    }//end while
    }//end run
}//end CalculagraphThread


import javax. swing. * ;
import javax. swing. border. * ;

import java. awt. * ;
import java. awt. event. * ;



public class CalculagraphFrame extends JFrame implements ActionListener {

    JLabel displayLabel = new JLabel();
    JButton btnBegin = new JButton();
    JButton btnPause = new JButton();
    JButton btnEnd = new JButton();
    private CalculagraphThread calculagraphThread;        //计时线程
    private boolean endSign = false;                      //结束标志
    private boolean pauseSign = false;                    //暂停标志

    public CalculagraphFrame(String title){
        super(title);
        JPanel p1 = new JPanel(new FlowLayout(FlowLayout. CENTER));
        JPanel p2 = new JPanel(new FlowLayout(FlowLayout. CENTER,10,1));
    LineBorder lineBorder =new LineBorder(Color. GRAY,1);
    displayLabel. setBorder(lineBorder);
    Font f = new Font(Font. DIALOG, Font. BOLD, 20);
    displayLabel. setFont(f);
    displayLabel. setBackground(Color. white);
```

```
displayLabel. setText("00:00:00:00");
btnBegin. setText("开始计时");
btnBegin. addActionListener(this);
btnPause. setText("暂停计时");
btnPause. setEnabled(false);
btnPause. addActionListener(this);
btnEnd. setText("停止计时");
btnEnd. setEnabled(false);
btnEnd. addActionListener(this);
p1. add(displayLabel);
p2. add(btnBegin);
p2. add(btnPause);
p2. add(btnEnd);
Container c = this. getContentPane();
c. setLayout(new GridLayout(2,1,10,30));
c. add(p1);
c. add(p2);
this. setSize(400, 150);
this. setResizable(false);
this. setDefaultCloseOperation(DISPOSE_ON_CLOSE);
}

    public static void main(String args[]){
        new CalculagraphFrame("计时器"). setVisible(true);
    }

    public void actionPerformed(ActionEvent e){
    if(e. getSource()==btnBegin){
    pauseSign = false;                          //初始化暂停标志
    endSign = false;                            //初始化结束标志
    btnBegin. setEnabled(false);                //将开始计时按钮设为不可用
    btnPause. setEnabled(true);                 //将暂停计时按钮设为可用
    btnEnd. setEnabled(true);                   //将停止计时按钮设为可用
    //创建并启动计时线程
        ____(7)____;
    }
    else if(e. getSource()==btnPause){
    try{
    if(pauseSign){
            ____(8)____;//若此时已经暂停计时,则唤醒线程
            btnPause. setText("暂停计时");
        }
```

```
        else{
                ____(9)____;//若此时没有暂停计时,则唤醒线程
                btnPause. setText("继续计时");
            }
        pauseSign = ! pauseSign;//暂停标志取反
    }catch(Exception exception){
        //在计数显示文本标签中显示异常信息
        displayLabel. setText(exception. toString());
    }
}
else if(e. getSource()==btnEnd){
    endSign = true;                    //结束标志置为 true
    btnBegin. setEnabled(true);        //将开始计时按钮设为可用
    btnPause. setText("暂停计时");       //初始化暂停计时按钮文本
    btnPause. setEnabled(false);       //将暂停计时按钮设为不可用
    btnEnd. setEnabled(false);         //将停止计时按钮设为不可用
    ____(10)____;                      //计数计时线程
}
```

4. URL 类的使用

UrlFile. java 是从网上读取资源的程序。用户输入一个有效的 URL 文件对象,能提取该文件对象的各部分资源。请在(1)~(5)区域内补充合适代码,使程序能正常运行。运行效果如图 13-8 所示。

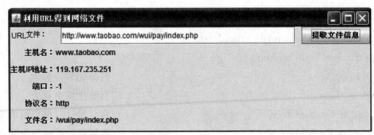

图 13-8　读取网络资源

```java
import java. io. * ;
import java. net. * ;
import javax. swing. * ;
import java. awt. event. * ;
import java. awt. * ;


public class UrlFile extends JFrame implements ActionListener {
    private URL url;
    JLabel lblHost, lblIP, lblPort, lblProtocol, lblFile;
    JTextField fileName;
```

```
        JButton getBtn;
        Container c;

        public UrlFile(){
            super("利用 URL 得到网络文件");
            c = getContentPane();
            setGUI();
            setSize(600,200);
            setVisible(true);
            setDefaultCloseOperation(JFrame.EXIT_ON_CLOSE);
        }


    /* 界面元素初始化 */
        private void setGUI(){
            JPanel pNorth = new JPanel(new BorderLayout(10,10));
            pNorth.add(new Label("URL 文件:"), BorderLayout.WEST);
            pNorth.add(fileName = new JTextField(25), BorderLayout.CENTER);
            pNorth.add(getBtn = new JButton("提取文件信息"), BorderLayout.EAST);
            getBtn.addActionListener(this);
            c.add(pNorth, BorderLayout.NORTH);

            JPanel pCenter = new JPanel(new BorderLayout());
            JPanel pCenter1 = new JPanel(new GridLayout(5,1));
            pCenter1.add(new JLabel("主机名:", JLabel.RIGHT));
            pCenter1.add(new JLabel("主机 IP 地址:", JLabel.RIGHT));
            pCenter1.add(new JLabel("端口:", JLabel.RIGHT));
            pCenter1.add(new JLabel("协议名:", JLabel.RIGHT));
            pCenter1.add(new JLabel("文件名:", JLabel.RIGHT));
            pCenter.add(pCenter1, BorderLayout.WEST);
            JPanel pCenter2 = new JPanel(new GridLayout(5,1));
            pCenter2.add(lblHost = new JLabel("", JLabel.LEFT));
            pCenter2.add(lblIP = new JLabel("", JLabel.LEFT));
            pCenter2.add(lblPort = new JLabel("", JLabel.LEFT));
            pCenter2.add(lblProtocol = new JLabel("", JLabel.LEFT));
            pCenter2.add(lblFile = new JLabel("", JLabel.LEFT));
            pCenter.add(pCenter2, BorderLayout.CENTER);
            c.add(pCenter, BorderLayout.CENTER);
        }

        public void actionPerformed(ActionEvent e){
            if (e.getSource() == getBtn){
                if (url != null)
```

```
                url = null;
            try {
                url =        (1)        ;              //创建 URL 对象
                getInfo();
            } catch (Exception ex){
                System. out. println(ex);
            }
        }
    }


    private void getInfo(){
    try {
        lblHost. setText(        (2)        );//获取主机名
        lblIP. setText(        (3)        );//获取 IP 地址
        lblPort. setText(        (4)        );//获取端口号
        lblProtocol. setText(        (5)        );//获取协议名
        lblFile. setText(url. getPath());
    } catch (Exception e){
        System. out. println(e);
        }
    }


        public static void main(String[] args){
        new UrlFile();
        }

}
```

5. InetAddress 类的使用

下列程序的输出结果为：_____。

```
import java. net. * ;


public class Application1 {
    public static void main(String args[]){
        try {
            InetAddress ia = InetAddress. getLocalHost();
            System. out. println(ia. getHostAddress());
            System. out. println(ia. toString());
        } catch (UnknownHostException e){
            e. printStackTrace();
        }
    }
}
```

6.简单的 TCP 编程

以下是一个简单的 C/S 程序,具体描述如下:

(1)服务器程序(ServerClass)能够处理多个客户端的请求,并向客户端发送一个"你好"字符串。

(2)客户端(AClient)与服务器(ServerClass)连接后,读取一行服务器的信息,在屏幕上输出信息。

说明:若客户端和服务器是同一台计算机,则可使用 127.0.0.1 代表本机 IP 地址。若不是,则将 IP 改为服务器实际配置的 IP 地址。本程序中使用端口号为 2345(大于1024)。

服务器和客户端所做工作描述如下:

(1)服务器所做工作:

①开设服务端口号。用 ServerSocket 类创建端口号。

②一直监听端口是否有客户端的访问。如果有客户端访问,与客户端建立连接,传输数据。

(2)客户端所做工作:

根据服务器 IP 和端口号,与该服务器建立连接。在此连接上传输数据。

问题:请在(1)~(7)区域内补充合适代码,使程序能正常运行。运行效果如图 13-9~图 13-12 所示。

图 13-9　ServerClass 服务器程序初次运行效果

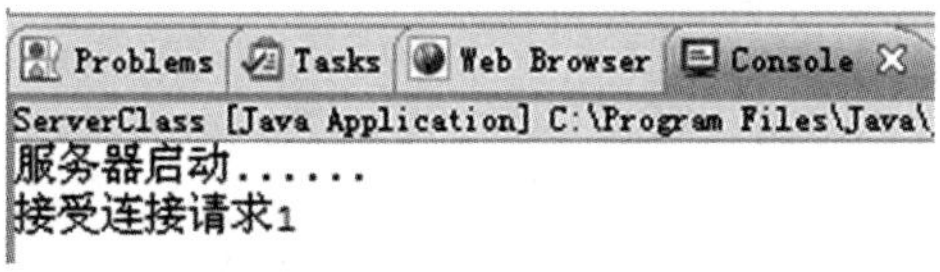

图 13-10　ServerClass 服务器程序接收一个客户连接

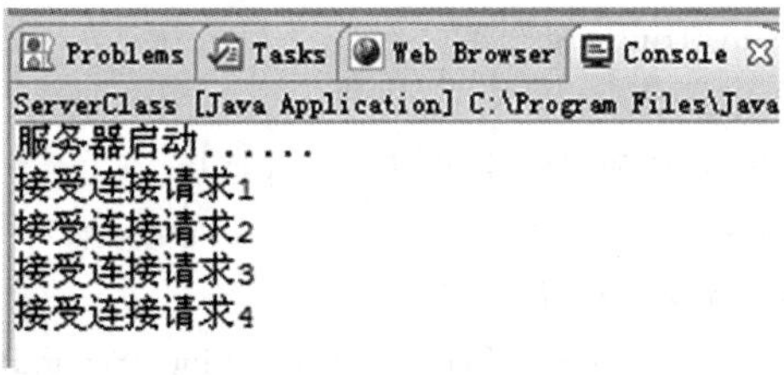

图 13-11　ServerClass 服务器程序接收 4 个客户连接

图 13-12　AClient 客户端程序运行效果

```java
//服务器程序
import java.net.*;
import java.io.*;

public class ServerClass {
    public static void main(String args[]){
        int i = 0;
        try {
            ServerSocket ss =_____(1)_____//开设服务端口号 2345
            System.out.println("服务器启动......");
            while (true){
                Socket sock =_____(2)_____//监听端口,程序运行到此将处于等待状态
                i++;
                System.out.println("接受连接请求" + i);
                //在 socket 对象上获得输出流
                PrintStream out = new PrintStream(_____(3)_____);
                _____(4)_____;//向客户端发送一个"你好"字符串

            }
        } catch (IOException e){
            e.printStackTrace();
        }
    }
}
```

```java
//客户端程序
import java.io.*;
import java.net.*;

public class AClient {
    public static void main(String args[]){
        try {
            // 根据服务器 IP 和端口号,创建 socket 连接
            Socket sock =_____(5)_____
            // 在 socket 连接上获得输入流
            BufferedReader in = new BufferedReader(new InputStreamReader(_____(6)_____));
            // 在输入流 in 上读取一行信息
            String s =_____(7)_____;
            // 在屏幕上输出信息
            System.out.println(s);
            in.close();
        } catch (IOException e){
```

```
            e. printStackTrace();
        }
    }
}
```

7. 基于 TCP 协议的一对一聊天程序

以下是一个 C/S 模式的一对一聊天程序,运用 GUI 设计,方便用户操作。具体功能描述如下:

(1)服务器端

①其初始化运行效果如图 13-13 所示。

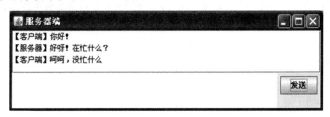

图 13-13　服务器端程序的运行效果

②A 区域(mainArea 对象):用于显示服务器端的聊天记录,包括从客户端传来的信息和从服务器端发出的信息。

③B 区域(sendArea 对象):用于服务器端用户编辑发送信息。

④单击"发送"按钮,获取 B 区域聊天信息,将信息在 A 区域显示,同时发往客户端。

⑤其程序运行方式如图 13-14 所示。

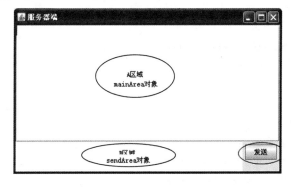

图 13-14　服务器初始化界

(2)客户端

客户端输入服务器的 IP,主动连接服务器,从而可以进行会话。运行效果如图 13-15 所示。

问题 1:ServerUI 程序用于实现该服务器功能,请在(1)~(6)填写通信的核心代码,使程序正常运行。

问题 2:ClientUI 程序用于实现该客户端功能,请在(7)~(12)填写通信的核心代码,使程序正常运行。

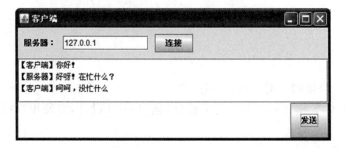

图 13-15　客户端程序的运行效果

```
//服务器端程序：其中，ServerUI 类负责界面设计；SvrCom 类负责通信即数据传输
import java. io. * ;
import java. net. * ;
import javax. swing. * ;
import java. awt. event. * ;
import java. awt. * ;


/ * 用户界面 ServerUI
 * /
public class ServerUI extends JFrame {
    JTextArea mainArea；
    JTextArea sendArea；
    JTextField indexArea；
    SvrCom server；

    public void setServer(SvrCom server){
        this. server = server;
    }


    public ServerUI(){
        super("服务器端");
        Container contain = getContentPane();
        contain. setLayout(new BorderLayout());
        mainArea = new JTextArea();
        JScrollPane mainAreaP = new JScrollPane(mainArea);

        JPanel panel = new JPanel();
        panel. setLayout(new BorderLayout());
        sendArea = new JTextArea(3, 8);
        JButton sendBtn = new JButton("发送");

        sendBtn. addActionListener(new ActionListener(){
            public void actionPerformed(ActionEvent ae){
```

```
            (1)        ;//发送服务器信息
            mainArea.append("【服务器】" + sendArea.getText()+ "\n");
            sendArea.setText("");
          }
      });

      JPanel tmpPanel = new JPanel();
      indexArea = new JTextField(2);
      indexArea.setText("0");
      tmpPanel.add(sendBtn);
      tmpPanel.add(indexArea);

      panel.add(tmpPanel，BorderLayout.EAST);
      panel.add(sendArea，BorderLayout.CENTER);

      contain.add(mainAreaP，BorderLayout.CENTER);
      contain.add(panel，BorderLayout.SOUTH);
      setSize(500，300);
      setVisible(true);
      setDefaultCloseOperation(JFrame.EXIT_ON_CLOSE);
  }

  public static void main(String[] args){
      ServerUI ui = new ServerUI();
      SvrCom server = new SvrCom(ui);
  }

}


*  通信类 SvrCom 负责守候数据到来
*/
class SvrCom extends Thread {
    Socket client;
    ServerSocket soc;
    BufferedReader in;
    PrintWriter out;
    ServerUI ui;

    public SvrCom(ServerUI ui){ // 初始化 SvrCom 类
        this.ui = ui;
        ui.setServer(this);
        try {
```

```
            (2)      ;//开设服务器端口,端口号为6666
            (3)      ;//当客户端请求连接时,创建一条连接
        in = new BufferedReader(      (4)      );//获取客户端连接的输入流
        out =      (5)      ;//获取客户端连接的输出流
    } catch(Exception ex){
        System.out.println(ex);
    }

        start();
}


public void run(){// 用于监听客户端发送来的信息
    String msg = "";
    while(true){
        try {
            msg = in.readLine();
        } catch(SocketException ex){
            System.out.println(ex);
            break;
        } catch(Exception ex){
            System.out.println(ex);
        }
        if(msg ! = null && msg.trim()! = ""){
                (6)      ;//把客户端发送的信息添加到界面mainArea中
        }
    }
}


public void sendMsg(String msg){// 用于发送信息
    try {
        out.println("【服务器】" + msg);
    } catch(Exception e){
        System.out.println(e);
    }
}
}


//客户端程序,其中,ClientUI 类负责界面设计;ChatClient 类负责通信即数据传输

import java.io. * ;
import java.net. * ;
import javax.swing. * ;
import java.awt.event. * ;
```

```java
import java.awt.*;

/* 用户界面 ClientUI
*/
public class ClientUI extends JFrame {
    JTextArea mainArea;
    JTextArea sendArea;
    ChatClient client;
    JTextField ipArea;
    JButton btnLink;

    public void setClient(ChatClient client){
        this.client = client;
    }

    public ClientUI(){
    super("客户端");
    Container contain = getContentPane();
    contain.setLayout(new BorderLayout());
    mainArea = new JTextArea();
    JScrollPane mainAreaP = new JScrollPane(mainArea);// 为文本区添加滚动条

    JPanel panel = new JPanel();
    panel.setLayout(new BorderLayout());
    sendArea = new JTextArea(3, 8);
    JButton sendBtn = new JButton("发送");

    sendBtn.addActionListener(new ActionListener(){
        public void actionPerformed(ActionEvent ae){
            client.sendMsg(sendArea.getText());
            mainArea.append("【客户端】" + sendArea.getText()+ "\n");
            sendArea.setText("");
        }
    });

    JPanel ipPanel = new JPanel();
    ipPanel.setLayout(new FlowLayout(FlowLayout.LEFT, 10, 10));
    ipPanel.add(new JLabel("服务器:"));
    ipArea = new JTextField(12);
    ipArea.setText("127.0.0.1");
    ipPanel.add(ipArea);
    btnLink = new JButton("连接");
```

```
        ipPanel. add(btnLink);

        btnLink. addActionListener(new ActionListener(){
            public void actionPerformed(ActionEvent ae){
                client =    (7)    ;//与服务器连接
                ClientUI. this. setClient(client);
            }
        });

        panel. add(sendBtn，BorderLayout. EAST);
        panel. add(sendArea，BorderLayout. CENTER);
        contain. add(ipPanel，BorderLayout. NORTH);
        contain. add(mainAreaP，BorderLayout. CENTER);
        contain. add(panel，BorderLayout. SOUTH);
        setSize(500，300);
        setVisible(true);
        setDefaultCloseOperation(JFrame. EXIT_ON_CLOSE);
    }

    public static void main(String[] args){
        ClientUI ui = new ClientUI();
    }

}


/* 通信类 ChatClient 负责守候数据到来
*/
class ChatClient extends Thread {
    Socket sc;// 对象 sc,用来处理与服务器的通信
    BufferedReader in;// 声明输入流缓冲区,用于存储服务器发来的信息
    PrintWriter out;// 声明打印输出流,用于信息的发送
    ClientUI ui;

    public ChatClient(String ip，int port，ClientUI ui){// 初始化 ChatClient 类
        this. ui = ui;
        try {
                (8)        ;// 创建 sc,用服务器 ip 和端口作参数
            out =    (9)    ; //获取 sc 连接的输入流

            in = new BufferedReader(    (10)    );//获取 sc 连接的输入流

        } catch (Exception e){
```

```
            System. out. println(e);
        }
        start();
    }


public void run(){ // 用于监听服务器端发送来的信息
    String msg = "";
    while (true){
        try {
            _____(11)_____; // 从缓冲区读入一行字符存于 msg 中
        } catch (SocketException ex){
            System. out. println(ex);
            break;
        } catch (Exception ex){
                System. out. println(ex);
        }
        if (msg ! = null && msg. trim()! = ""){ // 若 msg 信息不为空
            _____(12)_____; // 把 msg 信息添加到客户端的文本区域内
        }
    }
}


        public void sendMsg(String msg){ // 用于发送信息
            try {
            out. println("【客户端】" + msg);
        } catch (Exception e){
            System. out. println(e);
    }
    }
}
```

8. 基于 UDP 协议的一对一聊天程序

根据 UDP 通信协议，客户 A 与客户 B 可以进行简单的聊天，其程序运行后效果如图 13-16 所示。

图 13-16　基于 UDP 的一对一聊天室

(1)客户 A(AUser)具体功能有：

①可接收客户 B(BUser)所发送的聊天信息,并在客户 A 的聊天记录中显示;

②可向客户 B 发送聊天信息,并在客户 B 的聊天记录中显示。

(2)客户 B(BUser)具有同样的功能:

①可接收客户 A(AUser)所发送的聊天信息,并在客户 B 的聊天记录中显示;

②可向客户 A 发送聊天信息,并在客户 A 的聊天记录中显示。

问题 1:AUser 程序是实现该客户 A 的聊天功能,请在(1)～(6)填写通信的核心代码,使程序正常运行,能与 B 客户进行聊天。

问题 2:BUser 程序是实现客户 B 功能,请在(7)～(12)填写通信的核心代码,使程序正常运行,能与 A 客户进行聊天功能。

```java
//Auser.java 客户 A 程序
import java.io. * ;
import java.net. * ;
import javax.swing. * ;
import java.awt.event. * ;
import java.awt. * ;
public class AUser extends JFrame{
    JTextArea mainArea;
    JTextArea sendArea;
    JButton   sendBtn;
    AUserChat userchat;

    void setAUserChat(AUserChat userchat){
        this.userchat=userchat;
    }
    public AUser()   {
        super("客户 A");
        Container contain = getContentPane();
        contain.setLayout( new BorderLayout());
        mainArea = new JTextArea();
        mainArea.setEditable(false);
        JScrollPane mainAreaP = new JScrollPane( mainArea );//为文本区添加滚动条
        mainAreaP.setBorder(BorderFactory.createTitledBorder("聊天记录"));
        JPanel panel = new JPanel();
        panel.setLayout( new BorderLayout());
        sendArea = new JTextArea(3, 8);
        JScrollPane sendAreaP = new JScrollPane( sendArea );
        userchat=new AUserChat(this);
        userchat.start();

        sendBtn = new JButton("发送");
```

```
sendBtn. addActionListener(new ActionListener(){
    public void actionPerformed(ActionEvent e){
    userchat. sendMsg(sendArea. getText(). trim());
    mainArea. append("[客户 A]:"+sendArea. getText(). trim()+"\n");
    sendArea. setText("");
    }
});
panel. add( sendBtn, BorderLayout. EAST);
panel. add( sendAreaP, BorderLayout. CENTER );
contain. add( mainAreaP, BorderLayout. CENTER );
contain. add( panel, BorderLayout. SOUTH );
setSize( 500, 300);
    setVisible( true );
    setDefaultCloseOperation(JFrame. EXIT_ON_CLOSE);
}


public static void main(String[] args){
    AUser ui = new AUser();
}
}


class AUserChat extends Thread {
    AUser ui;
    AUserChat(AUser ui){
    this. ui=ui;
    ui. setAUserChat(this);
    }
        public void run(){//接收数据包
        String s=null;
        DatagramSocket mail_data=null; //声明一个接收数据的端口
        DatagramPacket pack=null; //接收数据的数据包
        byte data[]=new byte[8192];
        try{
            mail_data=_____(1)_____ ;// 创建一个接收数据的端口,其端口号为 4321
            pack=_____(2)_____ ;// 创建一个预备的数据包接收数据
        }catch(Exception e){System. out. println(e);}
        while(true){
            if(mail_data==null)
                break;
            else{
            try{
                _____(3)_____ ;// 把 mail_data 端口中接收到的数据存放在 pack 包中
```

```
                        String msg=_____(4)_____;//读取接收到的数据包的数据
                        ui. mainArea. append("[客户 B]:"+msg+"\n");
                }catch(IOException e1){
                        System. out. println("数据接收故障");
                        break;
                }
            }
        }
    }
    public void sendMsg(String s){   //发送数据包
        byte buffer[]=s. getBytes();
        try{
            InetAddress add=InetAddress. getByName("localhost");
            // 将数据 buffer 打成发送包,对方接收的端口号为 1234
            DatagramPacket data_pack=_____(5)_____;
            //创建 DatagramSocket 对象发送数据包
            _____(6)_____;
        }catch(Exception e){
            System. out. println("数据发送失败!");
        }
    }
}
//Buser. java 客户 B 程序
import java. io. * ;
import java. net. * ;
import javax. swing. * ;
import java. awt. event. * ;
import java. awt. * ;
public class BUser extends JFrame{
    JTextArea mainArea;
    JTextArea sendArea;
    BUserChat userchat;
    JButton sendBtn;
    void setBUserChat(BUserChat userchat){
    this. userchat=userchat;
    }
    public BUser(){
        super("客户 B");
        Container contain = getContentPane();
        contain. setLayout( new BorderLayout(3,3));
        mainArea = new JTextArea();
        mainArea. setEditable(false);
```

```
JScrollPane mainAreaP = new JScrollPane( mainArea );
mainAreaP. setBorder(BorderFactory. createTitledBorder("聊天记录"));
JPanel panel = new JPanel();
panel. setLayout( new BorderLayout());
sendArea = new JTextArea(3, 8);
JScrollPane sendAreaP = new JScrollPane( sendArea );
userchat=new BUserChat(this);
userchat. start();
sendBtn = new JButton("发送");

sendBtn. addActionListener(new ActionListener(){
public void actionPerformed(ActionEvent e){
    userchat. sendMsg(sendArea. getText(). trim());
    mainArea. append("[客户 B]:"+sendArea. getText(). trim()+"\n");
    sendArea. setText("");
}
});
JPanel tmpPanel = new JPanel();
tmpPanel. add( sendBtn );
panel. add(tmpPanel, BorderLayout. EAST);
panel. add(sendAreaP, BorderLayout. CENTER);
contain. add(mainAreaP, BorderLayout. CENTER);
contain. add(panel, BorderLayout. SOUTH);
setSize(500, 300);
setDefaultCloseOperation(JFrame. EXIT_ON_CLOSE);
}

public static void main(String[] args){
    BUser ui = new BUser();
    ui. setVisible( true );
}
}

    class BUserChat extends Thread {
    BUser ui;
    BUserChat(BUser ui){
        this. ui=ui;
        ui. setBUserChat(this);
    }
    public void run(){//接收数据包
        String s=null;
        DatagramSocket mail_data=null;
```

```
DatagramPacket pack＝null；
byte data[]＝new byte[8192]；
try{
    // 创建一个接收数据的端口，其端口号为 1234
    mail_data＝_____(7)_____；
    // 创建一个预备的数据包接收数据
    pack＝_____(8)_____；
}catch(Exception e){System.out.println(e)；}
while(true){
    if(mail_data＝＝null)
        break；
    else{
    try{
    // 把 mail_data 端口中接收到的数据存放在 pack 包中
        _____(9)_____；
    //读取接收到的数据包的数据
        String msg＝_____(10)_____；
        ui.mainArea.append("[客户 A]："＋msg＋"\n")；
    }catch(IOException e1){
        System.out.println("数据接收故障")；
        break；
    }
    }
}
}
public void sendMsg(String s){   //发送数据包
  byte buffer[]＝s.getBytes()；
  try{
    InetAddress add＝InetAddress.getByName("localhost")；
    // 将数据 buffer 打成发送包，对方接收的端口号为 4324
    DatagramPacket data_pack＝_____(11)_____；
    DatagramSocket mail_data＝new DatagramSocket()；
        //创建 DatagramSocket 对象发送数据包
        _____(12)_____；
  }catch(Exception e){
    System.out.println("数据发送失败！")；
  }
}
}
```

13.4 实验总结

　　本章实验主要围绕线程的创建、线程间的同步与通信以及线程的应用进行设计。线程常用的创建方式有两种，一种是通过继承 Thread 类来创建线程；一种是通过实现 Runnable 接口来创建线程。根据问题的需要，读者可以任选其中一种方式进行创建。多线程在访问某一共享资源时，由于线程之间没有很好地沟通，容易产生资源冲突现象，在 Java 线程中提供了一种同步机制可以很好地解决这个问题，上述实验中，读者可以通过对典型的生产者与消费者之间的同步问题的实现，很好地掌握线程同步机制的使用。通过理解上述实验，读者将会具备基本的多线程编程能力。

　　另外，本章实验主要针对 java.net 网络包中资源进行介绍与使用，其中 Socket 网络通信是本章实验的重点也是难点。在 Java Socket 编程中，一种是基于 TCP 协议的请求应答方式的连接通信，首先服务器利用 ServerSocket 对象开设一个服务器端口，等待客户端的请求，一旦发现有客户端进行请求，则与该客户端建立一条可靠的 Socket 连接对象，通过在 Socket 上获得输入流与输出流从而与客户端进行通信；客户端则根据服务器的 IP 与服务端口，创建与服务器连接的 Socket 对象，通过 Socket 上的输入流与输出流与服务器进行通信。

　　另一种是基于 UDP 协议进行编程，采用数据报文的方式，发送端将一批数据打包成一个数据报文发送到网络上，由网络中的路由器负责传输到数据接收端。程序接收端拥有一个接收数据报文的监听端口 DatagramSocket 对象，如果监听有数据报文发过来，则解包读取数据。当有数据报文需要发送时，则把数据打包成 DatagramPacket 对象，该对象带有目的地 IP 与端口号，同时也通过 DatagramSocket 对象进行发送。通过本实验代码的阅读与完善，读者可以很快掌握网络编程的相关方法。

实验14

JUnit

实验目的

1.了解 JUnit 框架的特征；

2.掌握 JUnit 编写测试用例的方法和技巧；

3.掌握 JUnit 3.x 与 JUnit 4.x 的区别；

4.掌握 JUnit 测试套件；

5.掌握 JUnit 的参数化测试。

相关知识点

1.JUnit 框架有如下特性：

(1)用于测试期望结果的断言(Assertion)；

(2)用于共享共同测试数据的工具；

(3)用于方便地组织和运行测试的套件；

(4)图形和文本的测试运行器。

2.在 JUnit 3.x 里编写测试用例有如下的要求：

(1)所有的测试用例必须继承 TestCase(TestCase 来自 JUnit 3.x 的框架)；

(2)所有的测试方法的访问权限为"public"；

(3)所有的测试方法的名称要以"test"开头。

在 JUnit 3.x 中,定义 setUp()方法:每次执行测试方法之前,此方法都会被执行进行一些固件的准备工作,如打开网络连接。

在 JUnit 3.x 中,定义 tearDown()方法:每次执行测试方法之后,此方法都会被执行进行一些固件的善后工作,如关闭网络连接。

3. JUnit 4.x 在编写测试代码时运用大量的 annotation,与 JUnit 3.x 的主要区别在于:

(1)不再要求所有的测试用例都 extends TestCase. 在 JUnit 4.x 框架里认为只要有测试方法的类就是测试用例;

(2)在 JUnit 4.x 框架里用 annotation @Test 来声明测试方法,而不需要强调方法的名称一定要以"test"开头。

4. JUnit 4.x 一些常用的 annotation:

(1)@Before:初始化方法,与 setUp()功能相同;

(2)@After:释放资源,与 tearDown()功能相同;

(3)@Test:声明测试方法,也可以测试期望异常和超时时间;

(4)@Ignore:忽略的测试方法;

(5)@BeforeClass:针对所有测试,只执行一次,且必须为 static void;

(6)@AfterClass:针对所有测试,只执行一次,且必须为 static void;

(7)@RunWith:用来指定测试运行器;

(8)@SuiteClasses(value={ }):测试套件用于添加测试用例或测试套件。

5. JUnit 3.x 在编写测试套件时要用如下方法:

```
public static Test suite(){
//上面方法的访问权限、静态、返回值及方法的名称是固定不变的
//构建一个 TestSuite 对象
    TestSuite suite=new TestSuite();
    //TestSuite addTestSuite(   <   > testClass)
    //用于添加测试用例
    suite.addTestSuite(AAAAA.class); //"AAAAA"为测试用例的名称
//TestSuite public void addTest(test)
    //用于添加测试套件
    suite.addTest(BBBBB.suite());//"BBBBB"为测试套件的名称
    return suite;
}
```

6. JUnit 4.x 的套件编写时,用@RunWith(value=Suite.class)来指定测试运行器为套件(Suite)运行器。并且用@SuiteClasses(value={ })组合测试套件所包括的测试用例和测试套件。

7. JUnit 4.x 对参数化测试的代码编写有明确的要求:

(1)测试用例必须要用 Parameterized.class(参数化运行器)来运行;

(2)测试数据的方法必须要用@Parameters 来声明;

(3)测试数据的方法必须是 public static，且返回的 Collection 类型。

14.3 实验内容与步骤

1.请分别用 JUnit 3.x、JUnit 4.x 对下面 WordUtil 类进行简单的测试，查看运行结果，并分析原因。

要求：

(1)测试 wordFormat 正常运行的情况；

(2)测试 null 时的处理情况；

(3)测试空字符串的处理情况；

(4)测试当首字母大写时的情况；

(5)测试多个相连字母大写时的情况。

```java
import java.util.regex.Matcher;
import java.util.regex.Pattern;

public class WordUtil {
    /* *
     *
     * 将 Java 对象名称(每个单词的头字母大写)按照数据库命名的习惯进行格式化
     * 格式化后的数据为小写字母，并且使用下划线分隔命名单词
     * 例如：employeeInfo 经过格式化之后变为 employee_info
     *
     * */

    public String wordFormat(String name) {
        if (name == = null) {
            return null;
        }
        Pattern p = Pattern.compile("[A-Z]");
        Matcher m = p.matcher(name);
        StringBuffer sb = new StringBuffer();
        while (m.find()) {
            if (m.start() ! = 0)
                m.appendReplacement(sb, ("_" + m.group()).toLowerCase());
        }
        return m.appendTail(sb).toString().toLowerCase();
    }
}
```

(1)用 JUnit 3.x 测试代码如下：

```java
import junit.framework.TestCase;
```

```
/ *
 * 测试 wordFormat 正常运行的情况
 * 测试 null 时的处理情况
 * 测试空字符串的处理情况
 * 测试当首字母大写时的情况
 * 测试多个相连字母大写时的情况 * /

public class WordUtilTestWithJUnit3x extends TestCase {
    private WordUtil wordUtil；

    protected void setUp() throws Exception {
        wordUtil  = new WordUtil();
    }
    // 测试 wordFormat 正常运行的情况
    public void testWordFormat() {
        String actual = wordUtil. wordFormat("employeeInfo");
        assertEquals("employee_info", actual);
    }

    // 测试 null 时的处理情况
    public void testWordFormat1() {
        String actual = wordUtil. wordFormat(null);
        assertEquals(null, actual);
    }

    // 测试空字符串的处理情况
    public void testWordFormat2() {
        String actual = wordUtil. wordFormat("");
        assertEquals("", actual);
    }

    // 测试当首字母大写时的情况
    public void testWordFormat3() {
        String actual = wordUtil. wordFormat("EmployeeInfo");
        assertEquals("employee_info", actual);
    }

    // 测试多个相连字母大写时的情况
    public void testWordFormat4() {
        String actual = wordUtil. wordFormat("EMPLoyeeInfo");
        assertEquals("e_m_p_loyee_info", actual);
```

```
        }
    }
```

（2）用 JUnit 4.x 测试代码如下：

```java
import static org.junit.Assert.*;

import org.junit.Before;
import org.junit.Test;

public class WordUtilTestWithJUnit4x {
    private WordUtil wordUtil;

    @Before
    public void setUp() throws Exception {
        wordUtil = new WordUtil();
    }

    // 测试 wordFormat 正常运行的情况
    @Test
    public void testWordFormat() {
        String actual = wordUtil.wordFormat("employeeInfo");
        assertEquals("employee_info", actual);
    }

    // 测试 null 时的处理情况
    @Test
    public void testWordFormat1() {
        String actual = wordUtil.wordFormat(null);
        assertEquals(null, actual);
    }

    // 测试空字符串的处理情况
    @Test
    public void testWordFormat2() {
        String actual = wordUtil.wordFormat("");
        assertEquals("", actual);
    }

    // 测试当首字母大写时的情况
    @Test
    public void testWordFormat3() {
        String actual = wordUtil.wordFormat("EmployeeInfo");
        assertEquals("employee_info", actual);
```

```
        }

        // 测试多个相连字母大写时的情况
        @Test
        public void testWordFormat4() {
            String actual = wordUtil.wordFormat("EMPLoyeeInfo");
            assertEquals("e_m_p_loyee_info", actual);
        }

    }
```

2. 请用 JUnit 4.x 将上面的两个测试用例组合成测试套件,查看运行结果并分析原因。

```
import org.junit.runner.RunWith;
import org.junit.runners.Suite;
import org.junit.runners.Suite.SuiteClasses;


@RunWith(Suite.class)
@SuiteClasses({WordUtilTestWithJUnit3x.class,
        WordUtilTestWithJUnit4x.class })
public class AllTests {

}
```

3. 请用上面的测试的所有情况编写一个参数化的测试的类,进行参数化测试,查看运行结果并分析原因。

参数化测试的代码如下:

```
import static org.junit.Assert.*;

import java.util.Arrays;
import java.util.List;

import org.junit.Test;
import org.junit.runner.RunWith;
import org.junit.runners.Parameterized;
import org.junit.runners.Parameterized.Parameters;

@RunWith(value = Parameterized.class)
public class ParameterTest {
    private String string;
    private String expecteds;
```

```
@Parameters
public static List<String[]> data() {
    return Arrays.asList(new String[][] {
    { "employee_info"，"employeeInfo" }，// 测试 wordFormat 正常运行的情况
    { null，null  }，// 测试 null 时的处理情况
    { ""，"" }，// 测试空字符串的处理情况
    { "employee_info"，"EmployeeInfo" }，// 测试当首字母大写时的情况
    { "e_m_p_loyee_info"，"EMPLoyeeInfo" } // 测试多个相连字母大写时的情况
    });
}


/ *
  * 编写带参数的构造方法,参数的顺序必须与上面测试数据一致
  * 必须清楚知道哪个是输入参数,哪个是期望值
  * /
public ParameterTest(String expected，String string) {
    this. expecteds  = expected;
    this. string = string;
}


@Test
public void testWordFormat() {
    WordUtil wordUtil = new WordUtil();
    String actuals = wordUtil. wordFormat(string);
    assertEquals(expecteds，actuals);
}
}
```

14.4 实验总结

本次实验介绍 JUnit 编写单元测试的一些方法和规则。强调 JUnit 3. x 与 JUnit 4. x 在框架及编写上的区别。重点学习如何编写测试套件及参数化测试。

参考文献

［1］ Cay S Horstmann. Core Java 2［M］. Volume Ⅰ-Fundamentals. 北京:机械工业出版社,2006.

［2］ Cay S Horstmann. Core Java 2［M］. Volume Ⅱ-Advanced Features. 北京:机械工业出版社,2006.

［3］ Bruce Eckel. Java 编程思想［M］.陈昊鹏,译.北京:机械工业出版社,2008.

［4］ Y Daniel Liang. Java 编程原理与实践［M］.4 版.马海军,景丽,等,译.北京:清华大学出版社,2005.

［5］ D S Malik,P S Nair. Java 基础教程——从问题分析到程序设计［M］.张小华,郭平,译.北京:清华大学出版社,2004.

［6］ 耿祥义. Java 基础教程［M］.北京:清华大学出版社,2004.

［7］ 朱喜福. Java 程序设计［M］.北京:人民邮电出版社,2009.

［8］ 孙卫琴. Java 面向对象编程［M］.北京:电子工业出版社,2006.

［9］ 朱仲杰. Java SE6 全方位学习［M］.北京:机械工业出版社,2008.